触动人心的体验设计

文字的艺术

[美] 迈克尔·J. 梅茨（Michael J. Metts） 著
安迪·维尔福（Andy Welfle）

黄群祥　周改丽　译

U0215070

清华大学出版社
北京

内 容 简 介

产品和服务的视觉设计很重要，但触动人心的文字表达，更能够俘获人心。如何才能通过恰到好处的文字表达来营造良好的用户体验呢？本书给出了一个很好的答案。

两位作者结合多年来通过文字来参与产品和服务设计的经验，展示了文字在用户体验设计中的重要性，开创性地提出了"文字即设计"的观点，对内容交互设计师具有良好的启发和参考价值。

©2020 Michael J. Metts and Andy Welfle

北京市版权局著作权合同登记号　图字号：01-2020-3283

本书封面贴有清华大学出版社防伪标签，无标签者不得销售。

版权所有，侵权必究。举报：010-62782989，beiqinquan@tup.tsinghua.edu.cn。

图书在版编目(CIP)数据

触动人心的体验设计：文字的艺术/(美)迈克尔·J.梅茨(Michael J. Metts)，(美)安迪·维尔福 (Andy Welfle)著；黄群祥，周改丽译.—北京：清华大学出版社，2021.5
书名原文：Writing Is Designing：Words and the User Experience
ISBN 978-7-302-56965-7

Ⅰ.①触… Ⅱ.①迈… ②安… ③黄… ④周… Ⅲ.①人机界面—程序设计 Ⅳ.①TP311.1

中国版本图书馆CIP数据核字（2021）第070596号

责任编辑：文开琪
封面设计：李　坤
责任校对：周剑云
责任印制：宋　林
出版发行：清华大学出版社
　　　　　网　　　址：http://www.tup.com.cn，http://www.wqbook.com
　　　　　地　　　址：北京清华大学学研大厦A座　　　　邮　　编：100084
　　　　　社 总 机：010-62770175　　　　　　　　　　邮　　购：010-62786544
　　　　　投稿与读者服务：010-62776969，c-service@tup.tsinghua.edu.cn
　　　　　质量反馈：010-62772015，zhiliang@tup.tsinghua.edu.cn
印 装 者：涿州汇美亿浓印刷有限公司
经　　销：全国新华书店
开　　本：160mm×230mm　　　印　　张：13.75　　　字　　数：278千字
版　　次：2021年5月第1版　　　　　　　　　　　印　　次：2021年5月第1次印刷
定　　价：69.80元

产品编号：087866-01

推荐序

莎拉·沃克特-波切尔
（Sara Wachter-Boettcher）
代表作品有《无处不在的技术性错误》《为真实生活而设计》《内容为王》

我第一次为网站写文案是在 2006 年。我的客户是一个豪华公寓项目的开发商，项目名称有些可笑，客户给我的资料就只有一张广告宣传单，广告语老套而荒谬。但我不在乎，我当时才 23 岁，我需要一份工作。也许照客户说的做对我还有好处呢！于是，我敲下键盘，写下一句话："住上城，品味上等波尔多葡萄酒。"那个公寓项目其实并不像广告里说的那样好，甚至可以说是很糟糕。

渐渐地，我学会了做一个有用的人。具体来讲，我需要让互动自然发生，也需要让内容井然有序，我认为自己在这方面很有特长。但在我刚起步时，不需要考虑如何让复杂的引导流程符合用户直觉，不需要考虑 App 需要设计多少种界面状态，也不需要考虑如何在小屏幕设备上呈现内容。那时没有 iPhone，没有智能手表或 Fitbit，也没有可以用 App 控制的智能恒温器。

现在，很多事情都变了。人们在日常生活和工作当中需要与各种各样的界面打交道。这些界面写满各式各样的文字，这些文字也需要多才多艺的人写出来。

如果你就是那个人，一定会喜欢这本书。要设计界面上的内容，除了具备写作能力，还需要有强烈的好奇心，更需要有理解用户感受的同理心。你会发现，这本书讨论的就是这些话题。

安迪（Andy）和迈克尔（Michael）都有丰富的文字设计经验（很快你就能理解我为什么会这么说）。但我最喜欢这本书的是，两位作者很清楚，卓越的文案绝不是出自那些极端自大的天才。相反，卓越的文案诞生于能够听取足够多的不同角度的观点。每一章，两位作者都会提供新鲜的观点，谈论如何让界面文字更易于访问，更有包容性。

接着往后读吧，因为这本书讨论的不仅仅是文字，它还讨论了如何做好重要的事。

中文版推荐序：关于交互内容设计师的一些碎碎念

奚涵菁（Betty Xi）

2020 年 10 月底，在北京的晚秋中一觉醒来，好友宝珠发给我一本书的电子版封面。"文字的艺术"几个字跃然于眼前。哇哦！这可是我非常熟悉却也鲜有谈起的话题，瞬间抓获了我的眼球。本以为他是要和我来一次轻松愉快的晨间学术讨论，结果没成想是邀请我为这本书作序。说实话，交互内容设计这个领域依然小众，能够有人愿意投入时间翻译并研究其中的奥义，着实让我惊喜万分，真是难得的知己。

全新的领域，少不了四处冲撞和尝试的粗萌，而这本书恰好可以给萌新们提供入门的理论支撑和行之有效的方法技巧。本书作者迈克和安迪结合他们打造国际产品内容的成功经验，系统地整理了用户体验文字创作的多种方法论和应用实践之间的关系，其中有不少看似不起眼的日常案例，深入浅出地诠释了交互内容设计师的思考方式和文字推敲的绝活儿。这本书对想要打磨用户体验设计的伙伴、产品经理、用研专家、交互设计师以及其他多元形式的文字工作者和职业经理人有参考价值。

翻看书中的内容，引发我开始思考交互内容设计的精髓，以下记录了我的一些零零总总的感悟。

交互内容设计师是怎样的一群人？

简而言之，交互内容设计师是某个互联网产品交互界面上所有内容的责任人。他们经手的内容是多元化的，有原创的、待编辑的、直译的、意译的、审核的、待发布的……试想你希望通过爱彼迎 APP 预订一间房，找灵感、搜索、选择、抉择、下单和付款的整个过程，你都在和爱彼迎 APP 里呈现的内容进行交互。这些内容就像是一位隐秘的代言人，耐心解答着你预订前后的疑惑，渴望着尽快帮助你找到你想要的信息并将各种内容有条理地呈现在你的面前。

作为一个新兴的岗位，我入行的时候几乎只在国际大腕儿互联网公司（比如脸书、谷歌和奈飞）看到过这个职位的描述。后来逐渐形成一定的气候，国内的互联网大厂争相发布这个岗位的招聘贴，一些创业型小公司和专注于用户体验优化的公司也吸纳了一批精英。我很有幸能在这个岗位进入中国的初期便有机会一探真谛。更值得高兴和欣慰的是，交互内容设计的工作让我有机会组建一支优秀的团队，也让我结交到用户体验领域里的很多英才。

"能写中文就能当交互内容设计师吗？"经常有人这样问我。看了不少这岗位的招聘简章，都没有硬性的专业限制，但需要候选人了解中英文语言文学、交互设计、项目管理、大众传播、用户心理、数据分析、整合思维、公共关系与沟通技巧的框架，要求掌握一手的实战经验。下面，我就和大家念叨一下交互内容设计师这个职能最看重的五大特质。

- 语言表达能力：关注词语和表述的准确性、真实性、逻辑力和流畅性，当然，有时候还少不了一定的幽默感。交互内容设计师在写作中会克制地使用网红词汇和夸张的表达，让文字有指导性、可操作性，他们要为用户群体的需求而写作。

- 多方位文字输出：针对互联网产品（网页端、APP 和小程序）的新功能进行内容策划、撰写、编辑和优化翻译。

- 与人合作的综合素养：需要有和产品经理沟通需求的技巧，和设计师打磨严谨的交互逻辑，和工程师合作检验内容呈现效果的专注，和数据分析师透过数据来洞察真正的问题，和用户研究员了解用户反馈的耐心。同时，还需要根据商业需求调整内容的创造力。

- 用户为本的职业信念感：提高用户对品牌的认知度和用户黏性，优化与用户的互动流程，提升平台的订单量，通过内容来帮助雇主节约运营成本，如客服电话成本。

- 孜孜不倦的创作状态：爱彼迎希望每个人都能够找到和自己完全

契合的旅行体验。交互体验设计团队尊崇「价值导向设计法」，定位用户的特征，尊重用户的诉求，剖析用户问题的本质，探索爱彼迎能够为他们带来的价值并反复验证设计师的假设。

产品团队的合作者有机会参与交互内容策略打磨的过程，而交互内容设计师需要独立制定内容策略，撰写内容，请团队一起评估内容是否与产品逻辑一致，让组内同事评审内容，以确保内容思虑周全、简明达意。

如何成为一名好的内容设计师？

首先，甘当一颗勇敢突破的种子。

某次线下交流活动的自我介绍中，我提到自己果断放弃创作和市场营销经验转投互联网内容大潮，带领团队重新定义交互内容，运用敏捷开发和数据分析重构用于体验。

活动结束后，有人问我当时转行的时候害不害怕？刚从传统市场品牌工作走进互联网的时候，我有过忐忑，有过迟疑，一度觉得自己疑似患有"冒充者综合征"，无法胜任。然而，所幸的是，这些焦虑后来被许多工作上的小确幸所化解。螃蟹好吃，大家都想做第一个吃到山珍海味的人。可第一个尝鲜的人，是先行者，需要别样的勇气。

最近和下属的一位同事聊起这个话题，她还原了一下自己转行时的心路历程，恰好和我的想法颇为相似："刚开始的时候，过度的心理暗示确实让我忧心忡忡，单单外企互联网公司的工作环境对一个小白来讲就挺'唬人'的。我那时很怕出错，怕搞砸一个紧急严肃的项目，怕写出来的东西不符合公司的品牌定位。我曾经跟同事打趣说，我们就像'文字女工'，但我慢慢发现，其实这份工作不单单是"文字游戏"，底层其实是我们的商业逻辑和用户体验，有很多个盈利点和优化点可以让人尝试和挑战，通过提升沟通技巧，玩味文字，交互内容设计师完全可以做出超越工作本身价值的事情。再说，都 2021 了，世界变化实在太快，而变就有机会。我相信，随着互联网行业的不断进化，这个新兴的职位一定会在国内找到自己的立足之地。

敢，或许也是一种成功的品质。与其在"不敢"的圈子里打转，不如在"敢"的边缘纵情试探。

随后，萌芽生发于共创的设计文化。

作为新兴的岗位，挑战和机遇并存。我们遇到最大的挑战是如何与产品开发流程中多个环节的伙伴进行协调，让大家对内容和设计的产出有共识，并把好内容的价值传递出去。如何在爱彼迎现有的品牌形象和调性上进行创新，为用户带来更多的新鲜感。论机遇，本地化本身是个很大的机遇，拥有很大的价值和探索空间。你将不只是远观，而是直接用文字的表现形式解决用户的问题，创造商业价值，进而快速看到自己文字的影响力。

小众，意味着这个行业里的从业人员还不是太多。你的合作伙伴可能根本就没听说过交互内容设计师，自然也不了解这个岗位的职责、边界和工作方式。大家教育背景和成长经历各不相同，基本上没有教科书式的"一拍即合"，多半来自于群体和个人长期合作后的互相磨合与相互成就。

尊重是前提，信任是基石，共创是原则。开始埋头苦干项目之前，我们常常选择聊聊人生，谈谈家长里短，彼此交换一下人格测试的分析结果。这些习惯成为团队相互信任和有效沟通的基石，而交流互鉴也让团队快速找到了彼此认同的解决方案。

然而，所有的小众都离不开大众。在爱彼迎，内容设计是用户体验设计大家庭中的一员，自然离不开融合与统一。共创是一种开放式的创造过程，内容落定之前，都会经过逐字的推敲和集体评审。按可用性原则对设计和内容元素加以分析，团队成员对你的作品进行文字创意、交互体验（界面设计、导航与信息设计）和商业价值的提问与交流，以期在讨论的过程中互为同僚，相互启发，最终找到更优的方案。共创的设计文化不仅打开了我们的创意思路，团队亲和力也得到了持续增加。

甘霖雨露一般源源不断的同理心加持。

同理心强的人，一定能够揣摩出对方在想什么、对方的需求和对方的情绪。高情商是交互内容设计师出奇制胜的杀手锏。在用户遇到问题和寻求帮助时，我们多一些同理心，就可以有效地弱化多媒介远距离互动时可能产生的误解和信任缺失。

我对同理心的四级分类如下图所示。

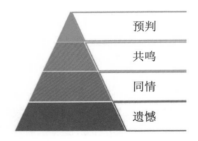

- 遗憾。是你对于发生在其他人身上不好的事情投去干涩的情感认同。这是一种单纯的情感表达，不带有任何改变局面的行动，仅表示你理解了对方的语言和行为或当下发生的情况。在用户遇到问题寻求帮助时，爱彼迎的交互内容设计不想单纯地表达对用户的情感认同，因为那样听起来很冷漠，也会让用户觉得这个品牌居高临下，没有人情味。

- 同情。比遗憾的情感认同多了一份互动。和遗憾相似的是，同情也缺乏行动上的帮助。试想一个小朋友摔倒在马路边，这时恰好路过的你对小朋友惊呼："哎呀，你怎么摔倒了，一定很疼吧。愿好运与你同在！"

- 共鸣。是第三个等级，它的定义是你理解了对方的言外之意和产生肢体动作的原因，比如你理解自己的父母不是单纯地抱怨你总熬夜，而是恳切地提醒你要注意身体。共鸣和爱彼迎的品牌基调非常吻合，是我们想要和用户交流的方式之一。但产生共鸣的主体多半是人而不是一个品牌。因此，我们常把最适合共情的场合定义为和用户直接交流的场景，例如，客户服务团队或市场经理和房东或房客线上聊天或线下沟通。

- 预判。简而言之，就是提前为对方提供帮助并能满足他的需求。在理解、认同并确认了对方的情感之后，你能站在他们的角度替他们多想一步，找到解决问题的有效方法，并使得他们的负面情绪能够得以消解。

我们来看一个情境假设。

> 您预订了本月成都两天一晚的高端民宿。订单生成后，房东突然联系并说她无法在该订单日期接待您，她想要取消这笔订单。如果您是交互内容设计师，您会如何按以上的四个阶梯来打磨您和房客的沟通内容？

> 遗憾：成都房东杜子美必须取消您的订单，因为他无法在指定日期接待您。这对你的出行一定造成了很多不便。我们会全额退还您的订单款项。

> 同情：您成都的房东杜子美不得已取消了您的订单。别担心，我们会全力帮助您。我们将全额退还您的订单款项并为您挑选成都可订的其他民宿。

> 共鸣：您成都的房东杜子美已取消了您的订单。您可能会感到措手不及，我们会尽全力协助您找到成都的新住处。订单金额 X 元已按您的支付方式原路退还。我们整理了一些相似的房源供您再次预订。

> 预判：您成都的房东杜子美已取消了您的订单。这个变化有些突然，我们会竭尽全力帮你尽快找到成都的新住处。订单金额 X 元已原路退还到您的支付宝账户，预计 3~5 天到账。我们还附上了 X 元的礼金券，供您重新预订成都的房源。点击此处查看可预订的精选房源。

亲爱的您，针对以上情境以及其他情境的假设，您觉得好的交互内容设计师会怎么做呢？欢迎您访问爱彼迎，一探究竟。文字的机巧，期待机智如您的读者，都能秒懂。

译者序：人为舟，文为浆

多年前，因为写了一篇香奈儿设计与风格的小文章，我加入了一家国际设计创新咨询公司。以大中华区市场部实习生的身份，参与了品牌案例和活动落地相关工作。机缘巧合之下，当时我并没有意识到，这份工作会是我日后职业生涯真正的起点。

这些年来，我一直是一名文字工作者，先后就职于工业设计公司、家居设计工作室和体验设计咨询公司等。不夸张地说，文字一直是我证明自己价值的工具，也是我与品牌和外界沟通的媒介。

但是，我一直觉得，当一个项目或产品进行到文字工作的阶段时，一般都"大局已定"。不管职位名称是文案、策划、运营还是别的什么，文字工作者一般的角色都是补充、辅助、润色和包装等。用户体验团队里的文字工作者也是如此，团队以设计师为主，还有研发等岗位，负责文字工作的人一般称为"用户体验写作者"（UX Writer）。

这是个舶来语，国内其实没有专门统一的职业名称，不同公司有不同的叫法，有"交互内容设计师""UX 内容策略师"等，大家的工作内容也略有差异。但有一点可以确定，文字在参与营造体验，文字是体验的一部分。

"构思写作的过程，本身就是一种设计实践"，这是本书的一个基础观点，也是对用户体验写作者的一个基础定位，所有借助文字来营造的体验，都可以归为用户体验文字工作。所有从事与交互内容设计相关的人，都是用户体验文字工作者。

从技术角度来讲，文字工作的门槛比设计低。设计师需要系统训练并掌握基本的设计软件，而说话写字，是大多数人都具备的基本能力。但对用户体验写作者而言，真正的问题不是如何把文字写得更好，而是如何通过写作，让用户体验变得更好。

作为设计实践的一种，用户体验写作也是一种手段，体验才是目的。唯有时刻以用户的诉求和目标为先导，文字才可能真正做到触动人心，并带来难忘的用户体验。

用户最终感受到的体验，集文字和视觉和交互等于一体。换句话说，用户体验写作者需要让自己参与到重要的决策当中。艺术家随性肆意的自我表达，不是用户体验写作者的工作方式。只有整个团队都把「更好的体验」当成目标，才更有可能实现高效协作。

只追求形式美的设计总归有点空洞，真正美好的体验，是意料之外而又情理之中的惊喜与触动。用户体验写作者，是用笔尖来跳舞的人，每一个字都在参与营造用户的体验。希望这本书能为每一位写作者带来一点新的思考，并运用手里的笔，触动更多人的内心。

在一个一个混沌和不安分的年份，但有幸尝试一些不一样的事，比如翻译这本书。在此，感谢我的搭档黄群祥，虽然我们是远程合作，但专业与细心分毫不减。还有耐心温柔的编辑开琪老师以及引荐人 UX Ren 发起者宝珠，谢谢你们。

最后，也十分欢迎各位读者朋友指正书中翻译有疏漏的地方，希望本书能带给大家不那么糟糕的阅读体验。

周改丽

前言

这本书写给所有的负责交互内容设计的人，即交互内容设计师。写给想要通过语言文字让科技变得更好、更人性化的人。

如果你刚好是这样的人，那么请你相信，你并不孤单。关于这个问题，我和我的团队，在世界范围内很多活动上，都分享过看法。每一次，我们都会碰到一些特别有趣的人，正在用自己的写作技巧，让更多的数字产品有了生命。

为了写这本书，我们采访了20多种不同工作性质的人。虽然访问是面对面单独进行的，但我们在采访中听到了下面这些类似的挑战。

- 大部分时候，我们都置身于整个过程之外，等到我们参与的时候，一般已经不能对整个产品造成什么影响。

- 总有人觉得，我们的工作很简单而且并不需要花太多时间。

- 有时候，我们也会觉得自己的工作没有其他团队成员的更有价值。

我们在自己的职业生涯中，经历并克服过很多这样的挑战。对我们而言，真正的问题不是如何写得更好，而是如何通过写作让用户体验设计变得更好。

很多情况下，设计会被认为跟视觉观感有很大关系，但其实，数字化产品的设计是需要语言解释的。设计一个产品，需要让写作者一同参与，比如按钮标签的用语、菜单栏设置以及错误信息的传达，甚至有时候需要弄明白一段文本是不是正确表述了解决方案。在写一段会出现在软件里的话时，其实是在设计人使用软件或应用时的体验。

文字开始成为一种设计，但它与设计的限制是不同的。文字的目的不是吸引注意力，而是帮助用户顺利完成任务。文字所创造的体验不是不变的，相反，它们会随着团队每一次的产品更新而不同。而且，逐渐习惯用一种熟悉的语言开始工作之后，您很可能开始需要翻译成堆的其他语言。

下面总结成功的文字设计需要具备的一些特质。

- 保持客观，策略先行：在动笔之前，先退后一步，聚焦于对整体的理解。研究用户，尝试理解用户的语言。向同事进行文字学习，明白用户想要完成的目标。

- 以用户为中心：虽然产品运作方式和句子结构都很重要，但更重要的是，文字表达要清楚，对用户有帮助，而且在每种情况下都需要合理。不要吝啬文字，要让颜色、形状和交互模式等，都能帮助到用户。

- 团队合作：需要让产品研发团队理解文字工作的重要性，并且能尽量参与重要的决策当中。随着工作热情的增加，会有更多人参与进来，需要达成共识。

我们觉得，像设计师一样思考问题是很有帮助的，我们也鼓励和我们做同样工作的人都能这么思考问题。如果从来没这么想过，那我希望这会带给你一些让人耳目一新的想法。

虽然这本书是特别写给交互内容设计师的，但我们始终觉得，文字工作其实是一种角色，而不是一个头衔。通过写作来学习如何设计，每个人都可以从中获益。很多团队都有设计师、研发、工程师和产品经理以及文字工作等各种角色。不论团队构成如何，这本书都能帮你学会如何将用户体验的方法运用于写作中。

不管职业背景如何，关注写作都是一件好事。这个时代，比以往很多时候都更注重写作。但这并不是偶然发生的，在这本书里，将会看到我们是如何通过影响团队和组织并让这一切发生的。

你也能让这一切发生，让写作变得更重要。文字即艺术，不要再自以为是地耍小聪明复制粘贴，开始设计文字内容吧。

我们的故事

我们的作者团队，就是我们前面所提到的人，文字内容的设计师。设计团队中的写作者，在意自己的文字及其在整个数字化产品体验中发挥的作用。

需要强调的是，这本书并不提供战术层面的指导。我们认为，没有一种绝对正确的写作方法。因此，这本书聚焦于思考，而不只是工作方法。我们的目标是提供可以应用于所有工作的一些想法和理念。

通常情况下，我们会以团队的口吻跟大家分享观点。有时也会讲一些个人故事，也有一些时候，我们会回到各自的角色，让故事更精彩。

接下来，请先认识一下我们的团队以及我们的个人故事和观点。

安迪（Andy）

把"文字即设计"当作一种设计实践，是我职业生涯中最有意义的时刻之一。本质上，我一直是个写手，但我从来不满足于仅仅用文字来填补空白。我也一直想利用这些空白（用我所谓的"设计"）。

当我还在读大学的时候，有一个学期，担任过学生报刊的编辑。除了写作和编辑，我还有一个爱好就是排版。我非常喜欢做下面这些事。

- 决定文章排版的方式。

- 找出最适合放在头版的文章。

- 学习在哪里以及如何加图注。

- 决定哪些引用足够重要，需要醒目排版。

- 不断迭代精进。

从那时起，我就意识到我想影响的不仅仅是文字，而是这些文字所在的整个系统。我当时并不知道什么是用户体验写作，也不知道思考软件界面的用语甚至可以成为一些人的全职工作。但当我做这份工作时，我发现，这简直就是为我的兴趣量身定制的。

如今，我在 Adobe 的一个中心化产品设计团队工作，Adobe 是个国际领先的数字创作工具的公司。我领导的团队由内容策略师和用户体验文字设计师组成，公司已经有 30 年历史，但我们都刚来不久。我跟同事讲，文字即设计。这会让 TA 们理解我们需要参与设计过程中的每一步，才能真正做出有意义的改变。

迈克尔（Michael）

我一直很感兴趣的是用文字与视觉相结合的方式来讲故事。实际上，我大学学的是艺术和传播学，因为我想成为一名摄影记者。

遗憾的是，我毕业的那年，很少有企业招摄影记者，但有很多企业招会做网站的人。我以写作者的身份加入了一个 UX 团队，让我惊讶的是，有很多人并没有把文字纳入设计考量。于是，我给自己定下一个小目标，要让我合作的每个团队都认识到文字对用户体验的影响。

自那以后，我先后担任过 UX 设计师、UX 架构师甚至还有对话设计师等。我并不认为写作者需要特定的头衔才能把工作做好，但我确实认为，许多团队并没有认识到文字在设计流程中的力量。

我希望，你会因为自己能够用文字来改善数字产品体验而感到元气满满。无论你是一名全职写作者或正在努力成为一名写作者，或者只是单纯希望提升自己的写作技能，我的经验告诉我，你希望掌握的这些技能，几乎可以让任何产品团队受益。如果在乎写作，那么你就是帮助团队理解其重要性的最佳人选。让大家知道"文字即设计"的人，完全可以是你。

我们

我们第一次见面是在 2014 年 10 月的 Midwest UX 大会，安迪（Andy）参加了迈克尔（Michael）的工作坊。我们在一年后的 Confab 大会（世界上规模最大的内容策略大会）再次相遇并开始交流。

很快我们发现，大会上分享的内容并没有考虑到 UX 内容策略师的需求。于是我们想，不如我们为这群人办个工作坊吧？

时光飞逝，五年后，我们一起完成了这本书，并陆续举办了六七次面向内容策略师的工作坊，从最开始的一系列声音与语调产品写作练习，演变成一个全面的基础写作工作坊，讲了许多我们在这本书里所讨论的话题。

尽管我们居住的地方相隔两千英里，相差两个时区，且各自有不同的职业经历，但我们一直都能从对方那里学到很多。我们俩的这些差异其实是件好事，不管是对我们自己，还是对我们教过的学生。我们希望读这本书的你，能够收获你的专属价值并能将这些价值继续传递下去。

常见问题解答

为什么说"文字即设计"

没错,文案即设计。其实在许多产品团队中,产品的文字传达都是事后才进行的,也就是在"设计"或视觉及体验系统完成之后。但并不应该是这样的。文案设计师应该参与整个产品体验的设计研发过程中,且两者之间要研究验证、高度协作并迭代出新的关系。产品的文字也是设计过程的一部分,负责文字的人也是设计师。

这是本书的主要观点(这部分的内容将在第 1 章中介绍),这也是我们每一章都力图论证的要点。

这本书只是写给负责交互体验写作的吗?

当然不是。即使只是偶尔需要用到写作技能,也一定能从这里收获新知。如果是设计师、产品经理、开发人员或其他任何类型为用户写作的人,都能从书里获益。这本书也涉及一些管理方面的建议,为文字设计与管理者、合作者的沟通提供帮助,因为这会让你更了解各种内容类型以及它们如何与整个产品设计和开发过程进一步珠联璧合。

如果主要工作就是写作并且正在寻找与团队合作的有效方法，可以在第 8 章中找到答案。

你会教我们如何传达错误提示信息吗？

如你所愿。我们会在第 4 章进行专题论述。当然，这并不是一本关于「怎么做」的书，而是讨论如何进行策略思考，并指导你准备好投身于文案设计师的行列。

"声音"和"语调"有什么不同？

它们高度相关，但又有很大的不同！ "声音"相当于写作中的一组恒定属性，用来管理用户的期待、情绪以及关系。换句话说，声音就是产品的个性（详见第 6 章）。 "语调"则会根据上下文而变化。比如，在用户不熟悉产品的情况下，你可能需要用激励性的语调；而如果用户对产品感到失望或不满，你可能需要用支持性的语调来行文（详见第 7 章）。本书提供语调使用的策略指导和实操指南，如开发语调配置的参考文件以及它们该在什么时候出现等。

本书使用指南

这本书为谁而写？

写给让文字赋予产品更多价值的所有"文字工作者"。如果需要写能与用户进行互动的文字内容，这本书将帮你理解如何在写作流程中应用设计方法论。不管是作家、设计师、内容策略师或从事其他职业的人士，这本书都能让你找到更高效的用户体验文字之道。

这是一本什么样的书？

本书将提供更多思考角度与方法，提供很多关于界面文字组合及组织形式的新思路，帮助你在实际工作中使用策略思考。你将得到以下收获：

- 文字如何营造设计体验？

- 如何思考策略及研究？

- 文字内容怎么写？如何论证？

- 如何传递错误提示信息？

- 如何让文字更具有包容和触动的力量？

- "声音"和"语调"有什么不一样？如何进一步利用它们来提升产品体验？

- 如何让团队协作的价值最大化？

前置彩蛋

除了各位能在书里看到的章节，也附上一个可以互动的网站链接 http://rosenfeldmedia.com/books/writing-is-designing/，里面有一些博客文章和书本之外的增值内容。书里的图标和插图，采用的是 CC 协议许可，如果需要，可以从如下链接下载并用于自己的演讲稿中：www.flickr.com/photos/rosenfeldmedia/sets/。

简明目录

第 1 章
不只是按钮上的标签
文字如何营造体验　　　　　　　　　　　　1

第 2 章
策略与调研
不只是最佳实践　　　　　　　　　　　　21

第 3 章
创造清晰
弄清楚设计的目的　　　　　　　　　　　39

第 4 章
错误提示与焦虑的用户
面对不如意的事情　　　　　　　　　　　57

第 5 章
包容性与无障碍
面向所有人的文字　　　　　　　　　　　73

第 6 章
声音
个性化的探索与发展　　　　　　　　　　97

第 7 章
语调
设身处地，感同身受　　　　　　　　　121

第 8 章
协作与一致
文字设计须躬行　　　　　　　　　　　147

详细目录

第 1 章

不只是按钮上的标签

文字如何营造体验   1

从设计开始   2

文字如何营造体验   9

文字无处不在   10

写作的必要性   15

不必感到难为情   17

营造一个更好的环境   18

找到适合自己的   19

第 2 章

策略与调研

不只是最佳实践   21

用调研来回答问题   28

用户访谈   32

情景访谈   33

可用性测试   35

找到适合自己的   38

第 3 章

创造清晰

弄清楚设计的目的   39

明确写作目的   40

传递清晰的目标   42

理解隐喻   43

识别与回忆   44

减轻认知负荷   45

关于清晰，不要我以为，要用户以为   49

使用直白的语言   50

找到适合自己的   56

第 4 章

错误提示与焦虑的用户

面对不如意的事情 57

该怪谁呢 59

设计始于探索 60

怎样写错误提示内容 62

对错误提示进行测试 68

找到适合自己的 71

第 5 章

包容性与无障碍

面向所有人的文字 73

为什么要考虑到包容性 75

包容性 75

Fitbit 里的性别 77

群体与身份 80

无障碍 85

无障碍写作标准 87

找到适合自己的 94

第 6 章

声音

个性化的探索与发展 97

找准产品的声音 98

品牌声音与产品声音 100

声音属性 102

是这样，但又不是那样 105

声音原则的陈述声明 106

落实声音原则的技巧 107

产品体验的声音原则 108

Bitmoji 应用的更新消息 110

声音不断进化 112

声音的延伸，规模化声音设计   114
声音何时应退居二线   117
找到适合自己的   119

第 7 章
语调
设身处地，感同身受   121
声音和语调有什么区别？   123
强大的语调框架   127
低调一些   129
建立语调文件库   130
找到适合自己的   144

第 8 章
协作与一致
文字设计须躬行   147
协作与一致   147
团队合作   148
设计行之有效的流程   151
合力完成写作   156
展示工作成果   161
建立一致性   165
找到适合自己的   174

结语   175

致谢   177

致读者   181

关于著译者   182

第 1 章

不只是按钮上的标签

文字如何营造体验

从设计开始...2

文字如何营造体验..9

文字无处不在..10

写作的必要性..15

不必感到难为情..17

营造一个更好的环境..18

找到适合自己的..19

想象这样一个场景，有两个人在会议室里看着手机 APP 屏幕的打印文件。这里以前是个仓库，但现在改造成了会议室。由于胶带无法粘在裸露的砖块上，因此打印文件就贴在了会议室与大厅的玻璃隔断上。这真是个展示图片的好地方。

"那个按钮是干什么的？"其中一个人发问。

"是用来保存用户数据的，"另一个人回答道，"所以说它上面写着'保存'两个字。"

"它是用来保存用户的所有数据，还是只保存我们眼前看到的这些？"

"哦，只是这些。"

"那用户怎么知道呢？我们应该告诉她 / 他们[①]吗？"

这样的对话在各个地方都时有发生，而不仅仅是在一个由仓库翻修而成的会议室里。软件开发团队会花大量的时间来讨论人们怎么使用这些软件。

这就是"用户"这个词的出处。人们通过按钮来执行操作，用导航栏来找到相关的信息，或者通过语音对话框来确定选项。

人们也会用到文字。文字可以帮助他们识别按钮的功能、导航的目的界面以及语音对话内容的含义。

从设计开始

涉及按钮、导航和对话框的文字，到底应该怎么写？很多人都有这样的疑问。但通常情况下，这并不是一个很合适的提问。因为，在开始文字工作之前，首先需要思考您希望带给用户什么样的体验。对此，我们的看法如下：

---

① 编注：这里"她/他"来指代原译者希望表达的无性别与类别差异的TA，指代所有的第三人称以表明对取向的包容，可以是他，也可以是她。

写作是把合适的文字组合在一起。

设计是为用户解决问题。

要想找到合适的文字，首先需要文字写作与设计通力协作，然后再开始工作。

回到本章前面讨论手机 APP 保存按钮的那两个人。他们应该如何敲定按钮的标签呢？

- 写作思维模式下提出的问题：

  "这里够写几个字？"

  "怎么描述这个操作？"

  "我们在其他地方用的是什么？"

- 设计思维模式下提出的问题：

  "用户熟悉哪些用语？"

  "这一步操作之后会发生什么？"

  "我们真正要解决什么问题？"

不能只用其中一种思维模式，两者需要结合起来。

当您的同事不能理解写作其实也是一种设计时，会对您提出的解决方案"优化体验"感到震惊。要学会识别这种情况，因为这与学习写好按钮标签一样重要。

设计文字需要更多技能，而且很多还与遣词造句本身无关。但是，一旦能熟练运用，就能更高效地工作。

在工作中，我们都希望设计能带来可用、有用及有态度的体验。怎样才能利用文字来实现这个目标呢？我们可以思考下面几个问题。

- 可用：文字是否有助于人们使用界面？是否足够清晰？是否能帮助人们完成他们想要做的事？是否所有人都可以使用？

- 有用：这些文字是否能够准确清楚地表达用户的意图？人们是否能够借助于文字来自主使用界面、产品或服务？这种体验是否能够给人们的生活带来价值？

- 有态度：这些文字会被滥用吗？真实吗？友好吗？足够包容吗？它们有没有可能赢得了业务却破坏了品牌与人们之间的信任？

要达成可用、有用和有态度这三大目标，需要理解产品，包括产品愿景、设计限制、交互、视觉效果以及背后的代码等。需要花大量时间与重要干系人进行沟通、对齐策略并做出调整。

先设计，再行文。

可用的文字

可用的产品，意味着在使用过程中不需要任何指导或帮助。衡量产品可用性的一种方法是可用性测试：让用户执行一些关键任务，然后观察他们是否能够轻松完成这些指定的任务。

但写出可用的文字，远不止如此。举例来说，有一个众所周知的界面文字说明实例"不要告诉用户'点击这里'"。这个建议很容易记住，但它背后的理念才是重点。界面跳转时，用链接会比文字更直观。图 1.1 就是一个例子，展示了链接如何使文本更有用、更清晰。左图中，教程列表底部的文字告诉用户可以进行更多搜索以及如何搜索。右图中，列表底部的文字则直接把用户引导到搜索界面，很明显，右图中的文字更短而且更好用。

对使用屏幕朗读器的视障人士来说，此功能的可用性程度也很高。

无障碍功能专家发表了一些最佳实践指南来帮助开发人员适配屏幕朗读器及其他设备。但是，当用户听到屏幕朗读器说出"点击这里"时，到底是无障碍功能出了问题还是可用性不够好？

莎拉·理查兹（Sarah Richards）是《内容设计》一书的作者，她在 2019 年的 Comfab 大会上发表过一次题为"可访问性就是可用性"[①]的

---

① https://www.confabevents.com/videos//accessibility-is-usability

演讲。她说，如果某个产品中用到的文字不能为每个人服务，就相当于做了一个设计选择，因为有一些人将无法使用这个产品。

莎拉在书中提到，可以使用通俗易懂的语言让具备不同读写能力的人都容易理解。这种做法尤其适用于有认知障碍的用户、产品语言的初学者以及压力很大的人。

"这并不是一种低能化，"她说，"而是更加开放。"

设计可以让人有轻松使用的体验，包括不同教育程度、有文化背景差异以及身体有障碍的人。可用的文字，适用于所有用户，无论是谁。

图 1.1

Adobe Creative Cloud 手机应用搜索页面的前（左图）后（右图）对比教程列表底部的一些文字，能够帮助用户使用搜索工具找到没有包容在列表中的教程

有用的文字

理解并尊重用户的意图，才能写出有用的文字。如果没有尊重，怎么能期望人们愿意花钱花时间用您的产品呢？把决策权留给用户并重视他们的需求，您的文字才会更有用。

图 1.2 展示了一个用户尝试付款和预订旅馆房间时会看到的复选框。用户必须勾选第一个复选框才能完成购买。在第一个复选框里，有注册会员计划、会员条款和订阅营销邮件等各种信息。如果用户退订营销邮件，结账流程就会终止。

第二个复选框将退订电子邮件作为一个否定选项，因此用户也可以不选中它，但它的逻辑与第一个复选框相反，这就可能诱导某些用户意外订阅电子邮件。

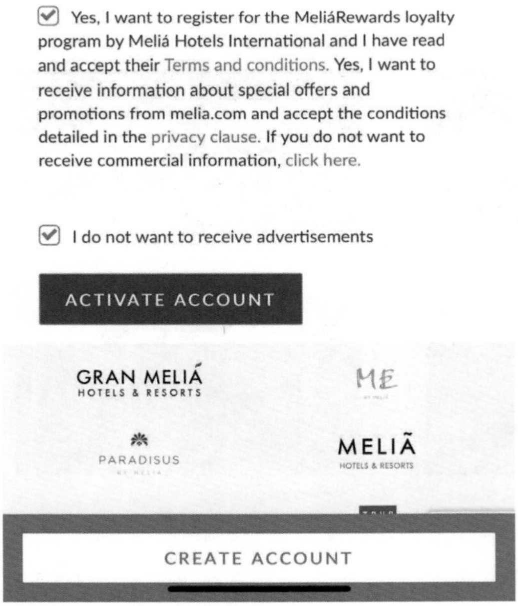

☑ Yes, I want to register for the MeliáRewards loyalty program by Meliá Hotels International and I have read and accept their Terms and conditions. Yes, I want to receive information about special offers and promotions from melia.com and accept the conditions detailed in the privacy clause. If you do not want to receive commercial information, click here.

☑ I do not want to receive advertisements

ACTIVATE ACCOUNT

GRAN MELIÁ
HOTELS & RESORTS

ME

PARADISUS

MELIÃ
HOTELS & RESORTS

CREATE ACCOUNT

图 1.2
美利亚酒店（Meliá）[①]会员忠诚计划的使用界面虽然增加了会员忠诚计划的会员数和邮件订阅数，但显然并没有使这个系统更有用

---

① 编注：源自西班牙，创办于 1956 年，总部位于巴利阿里群岛的帕尔马，业务遍及全球 40 多个国家和地区，拥有 400 多家酒店和度假村。截止到 2020 年，中国大陆共有 7 家酒店，分别位于上海、成都、西安、济南和郑州。

负责这个预订系统的团队，并没有把创造有用的体验放在第一位。TA 们通过文字和设计，诱导人们加入会员忠诚计划和订阅电子邮件。

相比之下，缤趣（Pinterest）[①]的服务条款，就显示了当整个团队在写作表达上达成一致时能带给用户的体验。

图 1.3 展示了缤趣（Pinterest）服务条款的一部分，其中包括每个部分的简要说明，以帮助用户理解条款内容。

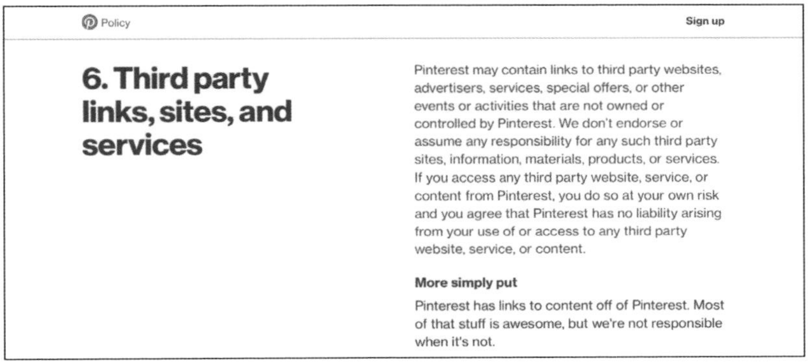

图 1.3
缤趣（Pinterest）的服务条款用文字设计创造了有用的阅读体验，而不是像大部分法律条款一样晦涩难懂

有用的文字，关注的是人们能从您的产品或服务中得到什么，并提醒您思考文字与业务目标的平衡，而不是仅仅着眼于如何获得业务转化。

有态度的文字

文字使用要得体。文字工作和设计师要意识到文字的威力，并对所使用的文字负责，意味着更全面的考虑。

不负责任的写作，会让语言成为武器，对用户造成伤害。一个众所周知的例子是"羞辱性确认"，即用激将法诱使用户确认操作。图

---

① 编注：针对视觉灵感用户的社交网站，创办于美国加州帕罗奥多，2010 年上线，创始人团队为 Cold Lab，采用瀑布流的方式展现图片内容，用户无须翻页，新的图片自动加载。2013 年 1 月获得 3000 万美元的风投，估值为 15 亿美元。2 月，获得 2 亿美元融资，估值 25 亿美元。2018 年月活用户数 2.5 亿，当年广告收入近 10 亿美元。2019 年上市。

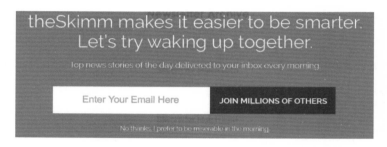

1.4 中，theSkimm[①]这款应用在向用户索取邮箱地址，如果用户想要关闭这个表单，必须表示自己不愿意变得更聪明。看图片底部的小字。这些公司到底是有多么急于得到用户的电子邮件地址啊！

图 1.4
每个人都想变得更聪明，但 theSkimm 让拒绝提供邮箱的人否认这一点。verifyshaming.tumblr.com 上能找到更多这样的例子

不作恶只是负责任的底线。但有些时候，好心也会在不经意间办成坏事。

图 1.5 是领英上两个人的对话。第一个人正在为刚下岗的人提供帮助。接受帮助的人非常感激，并回应说 TA 还需要时间缓和一阵子。

领英的算法建议是，给第一个人建议一些与当时情况格格不入的快捷回复，比如"恭喜！"或"听起来不错！"这项功能的出发点是帮助人们节省时间，但有些事情比节省 30 秒键入消息更为重要。一次偶然的点击可能会使这种互动变成伤害，显得冷漠无情。

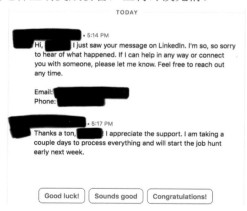

图 1.5
对一个刚失业的人来说，"祝您好运！"显得格外冷漠。"恭喜！"则显得更莫名其妙

① 编注：由两位前 NBC 电视台的制作人创立，用户定位是对职业和个人生活有咨讯需求的 20~35 岁都市女性。有晨间通勤简报，首屏是 10 分钟左右的语音新闻，然后是头等大事清单。此外还有一个日历功能。

造成这种局面，虽然写的人无心，但也有很大的责任。文字工作不仅要考虑文字在理想情况下的使用，还要防止文字在非理想情况下的滥用，不管是因为算法，还是出于别的意图。

文字如何营造体验

文字即设计，意味着什么？这意味着设计的文字正在营造用户的体验。

举一个与写作或软件设计无关的例子，出门买苹果。如果腿脚灵便，商店距离也不太远，并且街上也有人行道，您完全可以轻松地步行前往。

但如果生活在郊区呢？这些地方通常只有人行道，没有人行横道。因此，过街就只有两个选择：跨越沟渠或徒步上高速路。在这种情况下，大多数人会选择开车去买苹果。

再糟糕一点，如果有行动障碍怎么办？对一个坐轮椅的人来说，如果人行道路缘上没有设置路缘坡，可能不得不开车或让别人替自己跑腿（图1.6）。

图 1.6
路缘坡是修在人行道路缘的小斜坡，目的是方便人们进出街道，坡道上的凹槽设计对有视觉障碍的人有提示作用

所有的车道和人行道都是经过设计的，但又是谁设计的？是谁让道路的设计倾向于行车方便而忽略了使用轮椅的需求？是规划道路的人吗？是批准道路建设的政府吗？是郊区的开发商吗？是建筑公司

的评估员吗？是施工的工人吗？答案是，所有这些人都参与了设计。当您在做出影响他人体验的决策时，就是在设计。

《有话好好说》（*Nicely Said*）的合著者妮可·芬顿（Nicole Fenton）[①]，在她的演讲"文字即素材"（Words as Material）中这样描述自己的作品：

> 我从事过数字产品和实体产品的研发，我深度参与其中的设计过程。我会在流程一开始就强调要以设计为导向。我不写虚构的故事，因为我认为写作是用来解决问题的，不管在幕后还是在产品里。文字就是产品的素材。

文字成就数字化体验，而这本书的目的，就是希望助力大家打造非凡的用户体验，从电脑到手机到手表和其他设备。越来越多的人使用软件来改变生活和工作：手机钱包、即时通信和共享出行。写作是这些交互中不可或缺的一部分。

没有文字，就没有这些体验，每个字都代表着"用户至上"，想用户所想，急用户所急，帮用户所需。所以说，文字即设计。

文字无处不在

随便打开一个手机应用。观察里面用到的文字。

人们每天用的应用都离不开文字。看看图 1.7 和图 1.8，如果把界面中的文字拿掉，还会剩下什么呢？

设计师米格·雷耶斯（Mig Reyes）在 2015 年的博客中，对许多热门网站做了这个实验，试图说明文字之于界面的重要性。[②]

试想一下，假如外卖应用只有图，没有文字，人们还能愉快地点外卖吗？

[①]　https://www.nicolefenton.com/words-as-material
[②]　https://signalvnoise.com/posts/3404-reminder-design-is-still-about-words

有很多餐饮企业都会提供外卖服务。这些企业需要设计开发订餐软件方便客户点外卖。

图 1.7
手机应用 DoorDash 的界面

图 1.8
去掉文字后的 DoorDash 界面

人们把这些产品称为"应用",虽然听起来有点像业余项目,但这可是门正经的生意。Grubhub[①]是美国一家超大型餐饮配送公司,2018 年营收超过 10 亿美元。图 1.9、图 1.10 和图 1.11 展示了这类产品的使用场景。

图 1.9
客户通常从手机应用中下单(确切地说,具体哪个应用程序取决于手机的操作系统),但也不排除用智能手表、语音助手、智能电视或任何有浏览器的设备下单

---

① 编注:成立于 2004 年。2014 年 IPO,市值 28.1 亿美元。与美国 2200 多个餐厅有合作。2020 年 6 月,以 73 亿美元的估值被并入 Just Eat Takeaway。在英国伦敦有 115 000 家合作餐厅。

图 1.10

餐馆通过另一个应用接收订单（通常在收银员旁边的平板或笔记本电脑上运行），订单配送员使用餐馆应用程序的手机版本，查看客户地址并更新配送状态

图 1.11

公司可能会为员工提供团体订购，因此管理员需要一个入口来选择餐厅，员工需要一个入口在截止时间之前下单，会计团队需要一个入口来查看记录，以便他们进行审计工资扣除

芝士汉堡可以方便快捷送上门的背后，是一个由应用、业务和顾客共同组成的复杂生态系统。这些应用有很多需要做文章的地方，以下是订餐应用中需要用到的文字组件：

- 应用详情页（针对每个应用商店）

- 新版本的说明

- 新用户引流信息（面向新用户的说明）

- 登录页面和表单

- 账户恢复机制

- 账户中心和设置

- 付款界面

- 按钮标签和界面元素

- 短信通知

- 推送通知

- 邮件通知

- 确认邮件

- 账户恢复邮件

- 邮箱验证邮件（验证邮箱的邮件）

- 用户激活与促活邮件

- 帮助内容

- 条款和条件

- 隐私政策

- 联系表单

- 联系表单确认界面和邮件

这甚至不是一个详尽的清单，每个公司的处理方式都不尽相同。这些区域中出现的文字只是外卖体验的一部分，文字正在向用户传达体验。

写作的必要性

不只是手机应用，任何网页应用或网站都有需要文字互动的元素。

每个按钮都有一个标签。每个表单都有错误状态。每个注册流程都有说明。文字无处不在，认为它们不重要或可以留到稍后再考虑，是很危险的，甚至是错误的。

- 实际上，有的界面只有文字。为智能音箱或聊天机器人设计对话时，很少（如果有的话）会涉及视觉元素（图 1.12）。

图 1.12
有了文本编辑器，就能为智能音箱设计对话，不需要任何高端的原型制作软件

在这种情况下，团队需要的不是传统意义上的设计师，而是有设计感的文字工作。

在设计视觉前先设计界面中的文字，让团队尽早参与讨论，加深对任务的理解。

文字工作不会很快（甚至根本不会）取代视觉设计师，但在文字工作和设计师各自承担不同责任的团队中，两者都要意识到彼此是在为相同的用户服务并朝着相同的目标努力。没有谁可以取代谁。没有谁的工作更重要，用户体验是团队合作的结果。

凯蒂·洛尔（Katie Lower）很熟悉这种合作。她从事文字工作已经超过 15 年，与各种设计团队合作过，当雇主认可了她在设计文字方面所做的贡献时，她备受激励。"这让人充满了自信，感觉像是变了个人似的，"她说，"如果有人称我为设计师，我就再也没有低人一等的错觉了。"

洛尔一开始并不打算参与设计，但她希望为团队和产品做出更大的贡献。在职业生涯早期的一个项目中，有位可用性专业人员希望她能改一些文字并和她分享了一些研究发现，说明用户在使用产品时想要找到哪些文字。但除了好奇用户想要找的文字，她还想知道用户的动机。

"我知道我们在设计上各有所长，但我觉得这份工作不只是为了响应同事的提议'这里需要写一些文字，您看看怎么写合适。'"她说，"我们看不到全局，这种体验很割裂。"

她攻读了图书馆信息学硕士学位，目的是更好地理解信息架构（内容的组织与导航），更好地设计产品。

"我不想只当个文字工作者，因此在生命中的某个时刻，我决定再修一个学位，"她说。"对我来说，这能让我变得更自信，做事更有经验。"

洛尔专注于提升写作质量，因此，她遇到的最大挑战是加入项目时机过晚而导致许多事情木已成舟，她的工作无法产生应有的影响。她会提出很多问题，试图搞清楚团队的决策依据，她更愿意和欢迎她在设计中提出这些问题的团队在一起。

"我需要在解决具体问题前先搞清楚整体情况。只有这样，我才能更好地完成工作，"她说，"如果在项目快要结束时才把我拉进来，还不允许我询问现状，说明团队不重视或还没意识到文字工作的价值。"

不必感到难为情

下面分享一个真实的故事。

一个 UX 团队围着一张桌子准备参加设计工作坊，交流对提升产品体验的想法。

团队里只有一位成员的头衔不是"设计师"，因为他是负责文字内容的。

团队以一个练习作为开场。所有人都要提出改进产品的解决方案。每个人轮流展示各自的想法并解释方案对用户有哪些好处。当轮到文字工作展示方案时，他先向各位说了一声对不起。他说："我不是设计师，但我想说一下我的想法。"

这个很小的举动很有代表性。他靠实力加入了一个大公司的 UX 团队，却仍然有着强烈的自我意识。实际上，他的设计与其他人一样出色，但在他的职业生涯中，有些人使他觉得文字工作的身份和技能不如设计师。

这里并不是想说让您立即向经理要求换头衔或者让人们称您为设计师。头衔是很灵活的，通常取决于企业内部组织架构的需求。

所有需要文字的人都是文字工作者。文字工作者可以是专业的从业者：UX 写作者、内容策略师、内容设计师或其他文字工作者。文字工作也可以是非科班人员：设计师、开发人员、产品经理或 UX 研究人员。

文字工作者的头衔并不重要，重要的是确保团队能交付满足用户需求的产品。文字包含在交付中。卓越的产品都离不开触动人心的文字。

文字工作也包括指导他人写作。这是一项重要的工作，但仍然需要从体验文案设计者的角度思考问题，用文字为每个用户的体验赋予意义。

强调文字即设计，并不是要"上位"，想要超越设计。这是 UX 文字工作的日常。和其他设计师一样，需要做很多专业领域外的事。UX 从业者把大部分时间用于调研用户需求，做方案原型，验证设计假设，制定内容策略，建立决策依据。领导者还需要花大量时间领导产品团队，向产品发展方向看齐。

许多人（也许您是其中之一）从未想过要这样看待文字工作。但没关系，这只意味着文字工作当前的首要任务是拥抱"设计师"这个身份，然后帮助团队也认识到这样做的好处。解释自己的工作内容及其重要性并非出于自大或自恋，而是在于帮助团队了解文字如何参与营造更好的用户体验。

营造一个更好的环境

在使用文字进行设计时，其实是在创建一个数字场域，让人们在此停留一定的时间。这本身就是一件责任重大的事。阿兰戈（Jorge Arango）对此有深刻的见解和相关的经历。他是一名信息架构师并有两本这方面的著作，他会用大量时间思考、实践和写作，谈谈如何使用语言文字。

阿兰戈认为，能有效提高文字驾驭能力的办法是再学一门语言。"我之所以建议这样做，是因为它能让您很深入地理解语言的形成取决于哪些历史因素，"他说，"语言对我们来说相当重要，从很小的时候就开始使用，以至于我们忽略了语言是有结构并有演变历程的事实。"

而且，他认为，技术行业迫切需要文字工作的技能，尤其是在为产品的各种功能命名时。"但我怀疑大多数人并不具备设计这些文字所要求的词汇量。"他说。

阿兰戈举例说明了信息流（Facebook 和很多应用都有这个功能）是如何营造用户预期的。"新闻能影响社会舆论，人们的决策受新闻影响和左右"他说，"但我们不应该趁机牟利。"

这是文字工作最重要的责任。文字工作不单单是考虑按钮和导航怎么命名，它还会改变用户的思想。

"说服的力量很可怕，"他说。"用户甚至不知道自己是被诱导的，如果您要负责产品的用语和底线，请留意这一点。"

用户体验的文字工作不会总是一帆风顺。人们通常会低估或忽视它的价值和危害。但这也正是文字工作存在的意义。

找到适合自己的

就像设计师设计用户体验一样，文字也需要设计。本书有许多想法可以帮助您胜任这份工作，但更重要的是，它们可以帮助您重新思考这份工作。每个团队的需求都是独特的，不要试图找到通用的正确实践。世上不存在唯一绝对正确的方法。

相反，找到适合用户和团队的解决方案。在工作中应用这些想法，然后不断扩展完善，完成从文字到文字设计的蜕变。

第 2 章

策略与调研

不只是最佳实践

用调研来回答问题..28

用户访谈..32

情景访谈..33

可用性测试..35

找到适合自己的..38

"「购买」更好吧？「买」听起来太不上档次了。这可是一款高端产品。"一群头脑聪明且才华横溢的人，正在咬文嚼字，争论着一个用词。

上述场景，也许经常发生在您的工作当中：产品经理、设计师、市场人员、开发者甚至还有您（写作者），不厌其烦地讨论使用什么文字才能提高用户付费率。

在一次会议上，一个经理想起参会的还有一位文字工作者。"您怎么看？"他问。"您是专业的，您知道别的公司在这种情况下怎么选择吗？「买」和「购买」，到底哪个比较合适？"

这类谈话简直让人抓狂。人们总是试图寻找所谓"对"的写法或所谓的"最佳实践"。

这是可以理解的。因为这个理由在捍卫观点时非常好用："各位放心，我之所以这样做，是因为这是行业最佳实践。"

但是，到底谁才是这个最佳实践的受益者呢？

不会是您的用户，因为他 / 她们只想尽快解决问题，并不关心亚马逊和谷歌是怎么解决这些问题的。

许多商业人士认为最佳实践会给自己带来好处，但更多时候，只是用最佳实践来逃避真正的问题或会议。参与讨论如何选择「买」和「购买」的人，很可能内心充满沮丧，因为他们有很多事情要做，却不得不在这些没有正确答案的问题上浪费时间。

针对这样的场景，到底哪个答案对？肯定有一个选项是更优的。

这个问题的答案不在于争论对错，而是在于了解当时的具体情况，了解用户到底想要解决什么问题，了解团队想要实现什么商业目标。策略和调研可以使这些问题迎刃而解。

在确定到底是用"买"还是"购买"或其他文字（比如"入手"）之前，需要深入了解具体情况。

策略要对齐

即使不负责制定或传达策略，您也应该理解公司的策略，并提议团队也这样做。在没有策略指导的情况下盲目展开工作，就好比用竹篮打水。退一万步讲，就算最后打到了足够的水，也势必浪费了大量的时间，过程也让人极其挫败。

不需要经过任何人的同意，您也可以成为一个有策略性思维的人。而且现在就可以开始行动。

策略始于对齐。对齐是一个商业术语，说白了就是让大家达成共识。它的确很重要，但也很难做到。

对齐，每时每刻都在发生，根植于社会关系之中。您能想象这样的场景吗？开车到一个十字路口，其他司机如果不遵守交通规则，会怎样？也许会有人受伤，甚至死亡。

软件开发过程中，没有对齐策略的后果可能不会像车祸那么严重（尽管某些领域的数字化会引起人们的担忧，比如交通和医疗行业），但没有对齐肯定会浪费时间和金钱。忽略对齐的重要性，可能会导致产品无法满足用户需求而以失败告终。这一切，只因我们没有花时间去相互理解，确保大家步调一致。

下面是《Web 内容策略指南》作者哈尔佛森 (Kristina Halvorson) 对策略的看法（她的书对我们的职业有很大影响）：

> 策略是方向性的指导，让团队知道"这是这段时间的工作重点"。换句话说，策略不仅告诉您需要做什么，也会提醒您不要做什么。[1]

仅仅只是讨论策略，也能让团队从中受益。通常，每个人心里都有自己的小目标，但不一定会说出来。算一下这些目标的数量，然后乘以团队人数，您会发现对齐有多么重要。在哈尔佛森的定义里，团队是最重要的，因为策略有效的前提是，团队内部必须达成共识。

哈尔佛森十分清楚策略对这类工作的意义。她的书在网站内容策划领域有很高的知名度，而且是必读书籍。

---

[1]　https://www.braintraffic.com/blog/what-is-strategy-and-why-should-you-care

内容策略这个概念之所以流行，是因为很多公司需要解决网站内容混乱的问题。大大小小的公司都有自己的网站，但在一开始，这些网站充斥着各种各样的内容，并没有考虑到这些信息是不是用户需要的。通过关注用户需求，内容策略成为企业在这方面的行动指南，极大地改善了网页使用体验。

但内容策略并不只是从网站上删除无意义的文字，它还能为团队提供通用的决策框架和决策依据。

和数字化服务一样，数字化产品也需要文字设计，只不过设计的是界面上的文字，但界面文字也需要有内容策略。

从团队里的成员开始，包括产品经理、设计师、工程师和测试人员在内，都需要知道并理解策略。

根据团队配置的不同，可能包含以下角色。

- 执行领导层：这些人非常懂业务，这也是她／他们在大中型企业能多次获得晋升的主要原因。她／他们手上握有项目预算和产品方向的决策权。这些决策者大大受益于理解您的策略，您也能因此而得到他们的支持。

- 市场人员：她／他们是品牌大使，但如果察觉到威胁，她／他们会变成一票就足以封杀项目的"品牌警察"。所以，需要让她／他们看到您的文字策略如何让产品更出色，并与她／他们正在做的工作相得益彰。

- 法务人员：很多情况下，当您问一个律师能不能做什么事或说什么话的时候，她／他们通常会建议说"不"。因为只要说"不"，就不会有风险！想办法让法务同事对产品方向有信心，让她／他们感到您的文字策略对业务的重要性，比如举办一个工作坊或邀请她／他们参加调研分享会。

这里没有列举完所有角色，因为这取决于每个团队的组织架构。不论是3人团队还是3万人的大公司，文字内容策略都能让大家做到齐心协力。

重点是，如果只是一味的辩护，而不是让每个人都和您一样相信这个策略，很难得到自己想要的结果。

实际上，策略并不是用来达成个人目的的工具，那样做通常会使您惹上麻烦。如果人们发现您心里打着小算盘，是不会愿意跟您的。

没有人可以单靠底气十足的言论就让周围的人做出积极的改变。各位咨询顾问，请听我们说句心里话，我们既当过乙方，也当过甲方，在收到项目尾款的发票后，不会有人再翻看项目建议书的。

实战指导

产品策略声明

和团队共创策略，能够有效地达成一致目标。这类声明对整个团队非常有价值，而且对写作者尤其重要。写作者可能需要描述产品功能，提高拉新过程中的转换率。策略声明可以让团队有一个坚定的方向并扫清文字工作过程中的疑问。

您是帮助团队制定策略的最佳人选。因为策略是由文字组成的。而这，不刚好是您最拿手的么？

内容策略顾问莎拉·沃克特 - 波切尔（Sara Wachter-Boettcher，同时也为本书写了推荐序），发明了一种可以助力团队共同制定策略声明的填字游戏，梅根·凯西（Meghan Casey）在她的著作《内容策略工具箱》里，介绍了具体实践。凯西的实践专注于下面四点：

- 业务目标

- 内容类产品

- 受众

- 用户需求

当内容本身就是产品（比如内容类网站）时，凯西所强调的四点非常有道理。不过也可以借鉴凯西的方法，把焦点放在产品为用户创造的价值上。我们不妨从下面几点开始：

- 用户类型

实战指导（续）

- 用户需求

- 为用户提供的价值

- 商业回报

假设您正在负责一个产品，它的目的是帮助用户学习架子鼓。产品包含一个移动应用，用来查看课程；一个网站，用来管理账户和支付信息；甚至可以有一个智能手表应用，用来记录练习进度。这是一个创业公司，名字可以叫 Drum.ly 或 Drum.io 等。如果需要为整个产品创建一份策略声明，这个填字游戏很可能会像图 2.1[①]展示的这样。

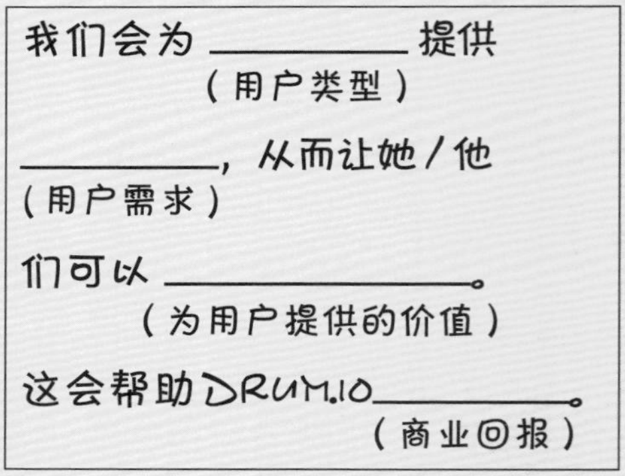

图 2.1
一个写在白板上的填字游戏，等着团队来填写

> 我们会为 _____ 提供
> （用户类型）
>
> _____，从而让她/他
> （用户需求）
>
> 们可以 _____。
> （为用户提供的价值）
>
> 这会帮助 DRUM.IO _____。
> （商业回报）

接下来，让团队以小组为单位分别填空并提供适当的建议，以确保活动效果。

1. 每个小组指定一位引导师，负责确保组里的成员都能认可最终决策。

2. 要求每个小组在每个空格里填写 1 到 2 个具体的内容。这个练习的好处是，让团队成员把最重要的概念具象化，并让领导层有机会倾听团队的想法。

---

① 编注：也可以采用用户故事的形式："作为（用户），我想要做（操作）以（目的）。"更多详情，可以参考《用户故事实战》和《用户故事地图》。

实战指导（续）

3. 每个小组都需要与整个团队分享讨论的结果。这样做的目的是引发更多有意义的讨论，并且让大家看到彼此之间的共性。

将以上小组讨论所得到的信息加以整合，制定出一个符合大家共同期望的策略声明。

回到刚才的例子，Drum.io 的策略声明可能像下面这样：

> 我们为架子鼓的初学者提供一套简单的学习方法，帮助她/他们与其他乐手一起演奏。这能帮助 Drum.io 获取更多用户并带来收入。

这个声明涵盖了很多信息。如果产品的目标是让用户成为一个能与其他音乐人一起演奏的人，那么整个产品的使用流程以及产品功能优先级排序都会因此而改变。

明确获得新用户及收入的关键商业指标，有助于产品和营销团队的高效合作。

把这个思路应用到本章最开始讨论的场景：用"买"还是"购买"又如何呢？团队总算明白，当前的重心是接触到更广泛的受众。这包括不同教育背景的人、把英语作为第二语言的人或是患有认知障碍的人。想要触及她/他们，就要尽可能用通俗易懂的文字。实际在这种情况下，可读性设计规范项目（没错，确实有这样的项目，由伦敦内容设计公司发起的一个开源众包项目）推荐使用"买"，甚至还提供了大量研究结果来支持上述观点[1]。

抓住所有机会在团队面前重复传达这个声明。在正式的会议上或平时的交谈当中，都可以。在评估一个决策时，也需要把策略声明考虑在内，并鼓励其他人也这么做。

需要注意的一点是，这个方法并不一定非得用在那些比较重大的策略上，比如产品级的策略。在功能级的或任何团队想要完成的事情上，都可以用这个方法（比如，设计一批新的推送内容）。每当团队需要共同策略的时候，这个方法就能派上用场。

---

[1] https://readabilityguidelines.myxwiki.org/

实战指导（续）

如何确定一个策略是有效的呢？下面是一些检验标准。

- 它是可执行的吗？团队是否知道要做什么？团队是否明白如何
  应用策略？

- 它是密切相关的吗？它与产品乃至公司的目标是否一致？它对
  其他团队有意义吗？

- 它是用户导向的吗？用户会因此受益吗？它是经过调研得出的
  结论吗？

- 它是可验证的吗？人们能否客观评判它的完成标准？

如果针对这些问题给出的答案有哪怕一个是否定的或者不确定的，
就说明这个策略还需要再推敲一下。

策略为什么不奏效

之所以要花时间去制定策略，就是希望它能对工作产生积极的影
响。如果策略没有奏效，则说明需要重新讨论。

策略不奏效的常见原因是没有表达出明确的观点。比如"我们会
创造卓越的产品和好用的功能，以帮助用户和公司实现目标。"
这样的策略最多算是一种不错的态度，但它并没有给出实质性的
建议。策略要确保团队讨论更具体的功能并让团队同时从用户和
企业的角度说明这些功能的好处。

用调研来回答问题

能向策略看齐，已经是一个不错的起点。不过，要找到合适的文字，
另一个关键是用户调研和用户测试。也许您的本能反应是团队需要
什么您就写什么，但正确的做法往往是从了解用户开始。

假设您现在不设计软件界面上的文字，您是一个旅行作家。上班的
第一天，您很好奇自己会去哪个景点探险。

您接到一个任务，要求写一个关于印度尼西亚的专题故事。您可以调研，但是没办法到现场，甚至没有当地人可以采访。老板说销售部门的布拉德（Brad）去过那里一次，有需要的话可以去问下他的感受。

听起来很可笑，但这种情况在产品团队里并不少见。使用产品的是用户，但在研发产品时，却不允许团队去了解用户，与用户交流，甚至都不花时间在用户身上。

这是不合理的。实际上，由用户界面工程学会的一项研究显示，如果当团队的每个成员每 1.5 个月与用户接触的时长超过 2 小时，工作质量会有质的飞跃。[①]

虽然调研永远不可能尽善尽美，但没有用户调研肯定是行不通的。调研是了解用户及其需求的最佳方式。

摒弃个人观点

做产品的人呢，经常把用户挂在嘴边。他 / 她们的口头禅是"用户想要什么""用户期待什么"以及"用户什么时候要"，等等。当希望团队按照他 / 她们说的去做时，他 / 她们开口第一句话却是"是这样的，如果我是用户的话……"

如果他 / 她们确实很了解用户，当然很棒。然而大部分时候，他 / 她们都只是在表达自己的观点。不要让无法验证的观点影响自己的文字设计。要摒弃个人和团队的偏见并根据用户洞察及数据来做出决策。

做用户调研时，不能只留意文字。试着从三个着力点让文字更有"温度"。

- 尽可能多了解用户及其使用产品时的场景。

- 用户体验到的和团队希望用户体验到的是否一致。

- 了解人们如何感知产品以及做出反应。

不了解用户，就无法为用户创造良好的体验。要亲自参与调研，不

[①] https://articles.uie.com/user_exposure_hours/

管是与调研团队合作还是自学调研方法，总之，不能不做调研。

正确定义问题

我负责过一个产品，需要用户提供个人物品信息，其中包括一些贵重物品，比如相机、自行车和电脑等。

团队设计了一个酷炫的流程，希望尽快获取用户的基本信息。这个流程的界面样式很漂亮，动效也十分流畅，并且遵循了无障碍设计规范。

但是，这个流程并没有取得预期的成效。

通过测试，我们发现许多用户之所以没有完成表单，是因为不明白如何填写表单。

图 2.2 是表单的部分截图，这里需要用户上传个人物品的照片。虽然上面有标签信息，但并不足以帮助用户完成填写。

图 2.2
这些标签的确有描述性用语，但事实证明，这些信息还不够清晰

为了帮助用户完成这些任务并上传正确的照片，我们的描述需要更加清楚，包括需要什么以及为什么需要。

根据测试反馈，我们更新了一版更加详细的描述方案（图 2.3）。

早在最开始讨论这些表单描述的时候，我就担心文字说明不够清晰，我感觉现在的表单用了太多行话。团队当时并不这么觉得，但最后的测试让大家认同了这一点。

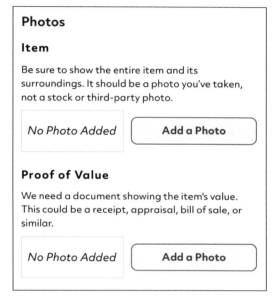

图 2.3
尽管新版设计用了更长的文字描述，但用户使用起来更加方便，因为更理解这个应用的功能了

在团队中推行以用户为中心的文字写作方法，可能会困难重重。不妨通过测试来帮助团队成员明白改变的必要性。■

调研的问题

启动所有调研活动的最佳做法，是先写下您想要了解的问题，而不是直接访谈用户。

举个例子，假设您正在做一个产品，目的是帮助专业人士创建图表和插画。以下这些问题也许可以帮助您开始调研。

- 人们会在什么样的工作场景下需要创作视觉稿？

- 人们现在是如何创作视觉稿的？

- 人们在工作中会遇到什么样的工作要求？

无论是具体的还是广泛的调研问题，都能帮助您和团队搞清楚自己需要了解什么。然后，制定调研计划，尝试解答这些问题。

用户访谈

用户访谈，能让您了解用户是如何描述一些具体概念的。对产品文案与用户语言进行匹配，能有效提高产品的可用性。

无论是单独访谈还是与其他用研人员合作，您的问题要能够引出用户自己在描述这个产品时会说的话并记住这些用词。

比如，在一款图表软件的访谈过程中，访谈者问："您在工作中用过什么样的视觉工具？"这样的问题没有"引导性"，因此也更容易问出用户在真实情况下所用的词汇（图 2.4）。实际上，正因为没有使用自己团队内部描述产品时所用的术语，如"画画"和"图表"等，用户才能基于自己的习惯来描述常用的视觉工具。

此外，访谈还能让您了解到用户的真实感受及其在您所设计的场景里会有哪些行为表现。在这个过程中，您会更了解他 / 她们的语言，也更清楚用什么样的文字才来打动他 / 她们。

图 2.4
只有让内部术语从访谈中消失，才能让用户自如地用自己的话来描述。您以为用户想画流程图，但说不定用户其实想画组织架构图

提示 正确的提问姿势

在访谈时，人们会因为一些不太高明的访谈技巧而最后收集到不真实的信息。比如，引导性提问或打断受访者的回答等，都会让结果不可靠。

用户调研很重要，但比调研更重要的是，学习如何正确地调研。调研是非常专业的，当您决定要涉足这个领域时，请先确保自己已经掌握高质高效的访谈技能。

如果想要深入学习用户调研，可以在市面上找到这方面的很多好书，我们非常喜欢的一本访谈类书籍是波蒂加尔（Steve Portigal）的《洞察人心》[①]。

深入洞察需要时间

在对一个图形设计软件的分享菜单做设计改版时，用研人员、设计师还有我，组成了一个访谈小组，我们一起访谈了许多图形设计软件的用户，专业和业余的都有。我们想要了解他 / 她们会在什么场景下用到像"发帖""发布""分享"或"导出"这样的文字。

当然，我们并没有直接说我们在研究他 / 她们的用词，因为这样做大概率会让他 / 她们更加注意自己的用词，导致我们自然也问不出自己想要的。我们只是问他 / 她们平时的工作是怎样的，他 / 她们引领我们了解使用这个软件的方式。

那次访谈的确费时费力，但我们从中收获了十分有用的洞察。举个例子，对大多数用户来说，"发帖"相对随意，更像是对待草稿，而"发布"则更加正式，比如发布敲定的终稿等。

事后，我也更新了相应的文案。■

情景访谈

了解用户的另一种方法是情景访谈。访谈者需要在用户实际的工作和居住环境下观察用户的行为。也可以问问题，但访谈的重心是观察和了解用户的世界。通过关注用户的行为及其周遭的环境，您会更了解产品所要解决的问题以及产品的使用方式。

---

① 译注：中文版由电子工业出版社出版。

这对整个产品来说非常重要，对文字的设计也非常有帮助。一旦沉浸于另一个人的世界，您会理解他 / 她会有这样或那样的需求。

艰难的现场环境和颇具挑战的设计

有一次，我和一个软件设计团队共同牵头了一个情景访谈项目，为建筑工人设计一套商业地产的施工系统。我访问了 10 多个美国和加拿大的建筑工地，工地的工作环境让我更加敬重这些从业者。如图 2.5 所示，他们大部分时间必须戴着防护手套和护目镜，高温下的工作环境常常让他们大汗淋漓并导致作业工具滑落，护目镜刚戴上一会儿就会因为起雾而使其视线模糊。

实际上，因为需要做现场访谈，我也必须戴上一样的防护用品，在剪贴板上记笔记。传统的访谈提纲在这种条件下不太方便，于是，我发明了能随时记录现场工作人员行为细节的双面设计工作单。

图 2.5
我在一个商业地产施工现场做情景访谈时用的防护用品和访谈提纲。涉密信息已做模糊处理

这个情景访谈项目让我们团队坚定了想法：为建筑工人做任何产品，都要优先考虑速度和容易理解。该项目还使我们的策略发生了变化，从以建筑工人为中心，转变成辅助管理者更高效地协助整个团队。毕竟，根据实际的作业条件，工人没有时间和能力使用我们最开始所设想的应用。

如果不花时间融入到使用环境中，我们就无法得到这些洞察。我们在制定完产品策略后，仍会不断地提起现场的艰难条件，试图把用户的需求内化成自己的需求。■

情景访谈并不是专门为写作者发明的调研方法，但它确实能让我们的文字更准确。让我们开始理解用户的世界，并用文字帮助他们解决问题。

可用性测试

如果发现团队在为一个功能细节争论不休，会议也因此而变得冗长且难有决断，不妨拨开迷雾提醒团队："我们为什么不做个对比实验，看看哪个方案对用户更有用呢？"

可用性测试包含以下 3 个步骤。

- 列出用户需要完成的一系列关键测试任务。

- 观察用户执行测试任务时的反应。

- 让用户在进行操作的同时大声说出自己的想法。

这些任务能一站式检验用户体验的方方面面，比如视觉、交互和文案，甚至在某些情况下还能测试出代码的性能。

写作者需要确保测试任务里的场景依赖于自己的文字，包括确认界面、错误提示以及任何需要文字提示的场景。

以下是可用性测试中与写作者相关的一些工作。

- 观察或主导整个测试。观察用户如何体验产品，能让您了解到很多。学习如何规划和执行可用性测试，会让您收获更多。

- 留意用户的语言。注意听用户如何描述自己的行为以及想知道的信息。可以把这些词语纳入到以后的写作中。

- 识别出信息隔阂。识别出让用户感到困惑的地方或者找不到必要信息的情境。这些都是需要和团队共同优化设计的机会点。

文字是用户体验中不可或缺的一环，所以，和团队一起进行可用性测试几乎总是百利而无一害的，但也有一些测试方法只能用来测试文字的运用是否得当。

有非常多可用的测试方法能帮助确定合适的文字运用，这取决于具体的测试目标。

实战指导

内容测试

有一个非常好的方法可以了解用户是如何看待和理解文字运用的，那就是把它完全从界面里抽出来单独测试。

gov.uk 的内容设计团队，需要确保英国政府网站的文案是以用户为中心的。她/他使用的一个测试方法是，把文字都打印出来，让用户把觉得很清楚的部分标记为绿色，不太明白的部分标为红色。[1]

我们借鉴了这个方法来测试产品界面上的文字。通常，我们也会额外添加一些描述，以帮助用户理解测试场景。

也可以改变测试者需要评估的内容。比如，让用户把觉得有用的地方圈起来，然后在觉得没意义的内容下方划线。这对评估语调尤其有效，因为评估结果通常能准确找到交互中没有任何价值的文字和短语。

---

[1] 皮特·盖尔（Pete Gale），《一种评估内容的简易技术》，英国政府进行的用户调研（博客），2014 年 9 月 2 日，网址为 https://userresearch.blog.gov.uk/2014 /09/02/a-simple-technique-for-evaluating-content/

实战指导（续）

测试完成后的关键是，进行后续问题的跟进，这个环节也最能产生有价值的见解。以下列举一些值得跟进的问题。

- **动机**：了解测试者认为某个文案有用或没有用的原因，这有助于您发现一些潜在的需求，如图 2.6 所示。也可能发现一些重要信息被遗漏或者发现某个术语让用户感到困惑。

- **预期**：询问用户认为接下来应该发生什么。您会了解到用户如何解读这些文字以及文字是否足够清晰，能否满足可用性要求。

- **感知**：让用户对您所期望的指标进行口头打分。举个例子，假设您设定产品走专业路线，1 代表随意，7 代表专业，可以让用户根据专业程度给出从 1 到 7 中的一个数字。

图 2.6
后续跟进，通常是可用性测试中最重要的环节。在这个例子中，用户表示能知道具体的账单日期对自己非常重要

不做调研的代价

我们听过太多拒绝调研的理由，这里随便列举几个。

- 没时间（我们得赶紧把东西做出来，没时间磨蹭！）

- 没钱（谁来资助呢？）

- 没法接触到用户（我们的顾客很敏感，不能和她/他们直接交流。）

- 没必要（我们知道用户要什么。）

所有这些都不应该成为您不去了解用户及其需求的借口。绝大多数情况下，不做用户调研比做调研所花的时间，要多得多。

仅凭直觉是无法创造以用户为中心的体验的。了解用户及其行为，才能让您更快地找到合适的文字表达，让写作流程更加有效，更加高效。

此外，调研让用户成为最重要的干系人。这对所有团队都是关键的转变。不管怎么说，从用户那里得到的见解，比任何人的观点都更值得关注，您也不例外。

找到适合自己的

通常，接到任务的第一反应都是赶紧动笔写。但在这本书里，我们从策略、调研和测试开始讲，因为这些事情能帮助找到符合具体情况的文字。这些都是有效提高用户体验的基础。

用户调研的方法不胜枚举，在本章中，我们只见到了冰山一角，也许这已经足以让您不知所措。还有许多调研方法我们没有介绍，比如 A/B 测试和调查问卷等定量研究方法，还有一些专门研究信息架构的方法可以帮助了解用户如何组织和归类事物，比如信息分类卡和目录树测试等。

策略和调研是让这类文字表达与众不同的原因，可以帮助我们搞清楚写什么以及为谁而写，为写作和设计决策提供强有力的依据。

第 3 章

创造清晰

弄清楚设计的目的

明确写作目的...40

传递清晰的目标...42

理解隐喻...43

识别与回忆...44

减轻认知负荷...45

关于清晰，不要我以为，要用户以为.................49

使用直白的语言...50

找到适合自己的...56

在使用序列逗号（又名牛津逗号）这件事情上，各派写手存在着很大的争议。没听说过这个概念？说白了，序列逗号就是在列举内容时，出现在"和"字前的逗号，比如："这本书谈论的是写作，设计【，】和用户体验"。

对比，许多著名的写作风格指南立场鲜明。比如，《美联社风格指南》就反对使用序列逗号，而《芝加哥风格指南》却鼓励使用。许多写作者还会在自己的 Twitter 简介里声明自己的个人立场。

序列逗号党会歇斯底里地强调："如果没有它，会导致一片混乱！人们会被列表弄懵的！"接着便会列举很多类似这样的例子：有本书的致辞是这么写的——献给"我的父母，碧昂斯（Beyoncé）和上帝。"

无序列逗号党也会团结起来反驳。"所以我们才需要上下文啊！我们都很清楚，作者的父母不可能是上帝啊！再说了，我们可以这样写'上帝，碧昂斯和我的父母'！那个逗号完全是多余的，所以不用加上！我们要的是简洁！"

每当遇到"公说公有理，婆说婆有理"的情况，答案肯定不是非黑即白的。上下文很重要。如果是起草法律文件，对准确性要求就极高，一个逗号可能（不是可能而是一定）意味着赢得或输掉一场官司。

但如果是为报纸写稿子，因为报纸版面珍贵，专栏空间有限，所以就不用那么准确。这就是报社遵循《美联社风格指南》的原因，为的是简洁精炼。

与其关心到底要不要用序列逗号，不如思考它是否能让内容更加清楚。为了想明白这一点，就需要了解内容的上下文。

明确写作目的

可能您的团队并不会像序列逗号党那样抠字眼儿，但还是很有必要让她／他们理解各自所担当的角色。

在过去，广告文案策划、设计师以及客户总监会将产品的价值主张或功能特色凝聚成品牌理念。没有什么文案能比一个巧妙的广告理念更重要，这类文案都有"钩子"，目的是吸引眼球，如图3.1所示。

图 3.1
大众甲壳虫 1960 年的一次广告活动，当时文案的主要目的是吸引眼球

但是，用户界面的文字运用不一样。它的目的可能是教育用户，可能是引导用户探索更多的功能，可能是吸引用户升级成付费会员，也可能是简化一个复杂的功能。

传递清晰的目标

文字即设计，首要目标是信息传达。清晰的文字表达可以帮助用户更好地理解产品的价值和产品的用法等。

要让用户感到清晰，首先得让团队感到清晰。

每当接手一个项目时，如果满脑子的问题都是"这个产品是什么？""这个项目是什么？"您可能会觉得非常尴尬。难道我不知道自己要写什么吗？看看周围这些人，难道她／他们不知道自己在干什么吗？

您可能会觉得很惊讶，但这就是现实，很大的可能是，她／他们对上述问题一无所知。当然了，她／他们肯定知道正在做什么功能或者正在简化什么界面，但一般来说，尤其是对企业级软件来说，就连项目经理都不一定了解整个产品的全貌。

但是，文字自带让人清醒思考的作用。以下是给产品写文字说明时可能遇到的一些场景以及相应可以目标更加清晰的问题。

- 欢迎界面以及引导流程：我们的用户是谁？为什么她／他们要用这个产品？这个产品如何让她／他们过得更好？什么地方可能会让用户感到困惑？

- 支付系统：用户会在什么阶段进行首次付费？再次付费是什么时候？系统支持哪几种支付方式？

- 通知：这个通知的目的是什么？团队衡量成功的指标是什么？这个通知如何帮助到用户？

可能每个人都在思考这些问题，但第一个把问题明确说出来的，往往是写作者。不清楚一件事，很难把它写清楚。不是只有写作者才需要清晰的目标，团队和用户也需要。

设计团队使用 Sketch 或 Adobe XD 这样的软件来呈现设计，这些工具相当好用，但也很容易让人陷入具体细节。比如，软件里有调整矩形圆角弧度的滑动条以及能精确调制出各种蓝的颜色选择器，但没有哪个工具能告诉我们应该做什么以及为什么要这么做。这些软件提供的是一个开放世界，一个空白的画布。明确目标，需要依靠文字来完成。

个人对要解决的问题有不一样的理解时，可能会导致团队上线一堆功能，结果却发现没人使用或者做了网页，结果隔几天就要重新设计。

所以，在准备写一个按钮标签或起草声音与语调的风格指南之前，先打开文本编辑器这个被人们低估但实际非常好用的设计工具。[①]

然后，开始写吧，不要受到声音和语调指南或任何条条框框的限制。

清晰描述每个界面要实现的目标，这样做能让自己更明白项目的意义。文字能传递意义，文字也因此可能是让一群观点不同、计划不同和偏好不同的人保持同频共振最好的办法。

理解隐喻

在产品设计中小看文字的力量，也就小看了文字对用户会造成什么影响。如果写作者不提高警惕，就没人会制止信息的操纵、阻止假消息的传播以及克制行话的使用。重视文字也意味着注意文字的道德影响，从是否会让部分人感到被孤立，到是否会促发用户的不良行为。

波切尔（Sara Wachter-Boettcher）在她的畅销书《无处不在的技术性错误》里提到一款智能体重秤。这个体重秤会把测量结果自动发送到用户的邮箱。如果测得的体重超过上一次，用户会收到一条让人哭笑不得的鼓励性信息："您重了 X 斤。下次好运！"

对想要减肥的人来说，这个消息可能无伤大雅。但如果用户得了厌食症，或是正在长身体的小孩，或是需要增重的人呢？后果轻则可能让人翻白眼，重则可能伤及他人的身心。

但总得有人写这些邮件。如果能全局性地考虑这些话语，不只是考虑话语在既定场合下的含义，还要考虑到用户可能产生的误解，意识到

---

① 可以用 Microsoft Word 或 Google 文档这样的文字编辑器，但我们更推荐用一些纯文本编辑器，比如 Windows 的记事本或者 Apple 的文本编辑。重点是不要担心排版，写就是了！

不是所有用户都能体会到公司原本希望创造的体验。当然了，也许这家公司的写作者知道现有方案的弊端，但项目已经启动且公司没有相应的组织架构和流程允许员工提出担忧和调整方向。庞大的谷仓效应①严重的组织，通常倾向于官僚主义和流程导向，且不擅长自下而上地调整策略。也许例子中的写作者没被赋能以提出这些担忧。

这也是为什么当一个项目的范围还未最终确定时就要尽早让团队参与文字的设计。毕竟，修改写在白板上或 Word 文档里的产品文案，甚至是更新产品的营销信息，都比调整代码里的文字简单。

识别与回忆

清晰地表达观点本身就很难，但更难的是，在整个体验设计过程中都能持续追求更加清晰的表达。

尼尔森诺曼集团（The Nielsen Norman Group）是一家用户体验研究机构，他们总结出 10 条重要的启发式评估原则（启发式是指从广泛的经验中总结出来的经验法则），用于评估用户界面的可用性。其中有一条原则非常值得我们注意：“识别好过回忆”，换句话说，不要让用户根据界面上的元素去回忆实际的含义，所有的操作和选项都应该直白明了。要做到这一点，使用文字（比如文字注释）是最好的办法，也许没有之一。

一项与记忆提取有关的课题深入研究了回忆和识别这两个概念。

- 回忆，是大脑从记忆中提取信息的过程，人们就是这样记住用户名、密码、网址或其他信息的。

- 识别，则更依赖于周围的线索来做决策。这里的线索可以是一个清晰的行动召集按钮或者一个列表菜单。人们通过界面上的各种线索识别出可能选项，然后选择最优选项实现目标。

举个例子，假设用户看到一个操作叫“删除”，然后在另一个地方

---

① 译注：谷仓效应，也称“筒仓效应”，指企业内部因缺少沟通而导致各部门各自为政，只有垂直的指挥系统，没有水平的协同机制，就像一个个的谷仓，各自有独立的进出系统，但缺少不同谷仓之间的沟通和互动。

看到一个操作叫"抹除"，也许两者想要表达同一个意思，但用户现在需要停下来思考它们的区别。选择其中一种描述（要有选择的依据）并让相同的操作有一致的描述，帮助用户在使用过相同操作后一看就知道是什么操作。

视觉的布局和呈现的方式对识别的快慢有重要的影响，但文字的选用更为关键。文字越简明易懂，用户越能识别出线索，从而结合自身的经验理解来取得进展。

减轻认知负荷

为用户减轻负担是很有挑战的。一位愿意接受这个挑战的人是约翰·齐藤（John Saito），他是 Dropbox（美国旧金山的一家软件公司，主要提供云盘服务和创造力工具）的产品设计师。和许多从事用户体验工作的写作者一样，他的职业发展路线也很曲折：做过本地化翻译、写过帮助文档和 UX 写作等。在刚涉足用户体验内容设计时，他读了克鲁格（Steve Krug）的《点石成金》。

"它完全颠覆了我对文字的认知，"齐藤（Saito）说，"这本书的基本理念是，设计师应尽量做到不让用户思考或让用户看到没有任何意义的文字。因为这是唯一能够争取到用户注意力并让用户阅读内容的方法。这个理念我一直铭记于心。"

于是，他努力减少每一次呈现给用户的信息量，包括文字数量和选项数量。

"身为一个写作者，如果有文字让我停顿超过 2 秒，我就知道这样的文字表达有问题。"

齐藤在上大学时学的是认知科学专业，专门研究人们如何理解世界。他发现同班的乔治·拉科夫（George Lakoff）正在研究语言中的隐喻，后者是一位著名的认知语言学家。

齐藤说："事实证明，我们几乎完全是通过隐喻来理解世界的，如果仔细推敲，您会发现我们所使用的文字，都能追根溯源到隐喻。"

"一说到设计，"齐藤（Saito）说，"都离不开隐喻。"

"我们使用的手势，点击、点触或滑动等，都是我们在现实生活中所作所为的隐喻。还有我们所使用的图标，表示保存的软盘、表示剪切的剪刀以及表示粘贴的剪贴板等，全都是隐喻。"

文字也一样。可以用隐喻来描述对象，比如"收件箱"和"时间线"，或者用隐喻来描述操作，如齐藤提到的"拷贝"和"粘贴"。有的产品甚至完全建立在隐喻的基础上，比如 Photoshop。它以暗房冲洗和桌面摄影为原型，有一系列与照片处理及合成有关的工具。

小贴士　齐藤谈隐喻

隐喻可以帮助人们理解产品。齐藤建议，在使用隐喻时要注意以下几点。

- 这个隐喻是否描述了用户想要做的事情？
- 不要让我思考：这个隐喻是大家都知道的，还是只有小众用户才理解？
- 它是内部一致的，还是与产品的其他术语，或者操作有冲突？

只要用户仍能理解喻体所代表的含义，这些隐喻就没有问题。但有些隐喻却不受这种限制。比如，我们还会说"拨"个电话，尽管，现在没多少人用过拨号盘式电话机。有的隐喻会随着时间而失去意义。比如，现在很多用户从来没见过软盘，所以无法理解它为什么代表"保存"。还有的产品随着发展逐步替换掉旧的隐喻而导致了内部的不一致。比如，Photoshop 有一个"神奇修复笔刷"，它能用智能算法擦除照片中的元素，这超出了传统照相馆的能力。

隐喻对行为的影响

一般而言，使用隐喻对用户来说都是利大于弊的，但有的时候，隐喻也会让事情变得更复杂。比如语音助手和聊天机器人，它们无法理解隐喻，这个时候就需要设计师考虑更多的因素，以适应用户对界面的预期。

图 3.2 是我设计的初版对话式界面。它会先向用户打招呼，然后问用户需要什么帮助，这完全符合人们对客服的基本印象。用户出于礼貌回复机器人，但其实机器人期望听到用户直接提出问题。这意味着我们需要重新设计开场白以免误导用户，从而更快帮助到用户。

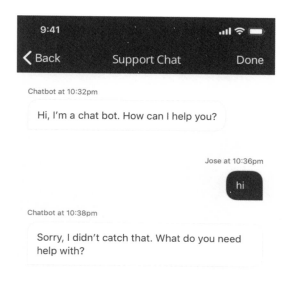

图 3.2

图中的聊天机器人期待
用户直接描述具体问题，
但对话中的隐喻促使用
户回敬问候

在这个例子中，对话中的隐喻改变了用户的行为，我们要避免因过度使用隐喻而
产生现有技术无法解决的问题。

找到清晰与简洁之间的平衡

在做复杂的产品时，难免需要处理一些复杂的文案，同时还
要面对各种设计限制。有一次，我为一个社交类应用设计搜
索结果页。我收到的需求是要让用户知道搜索结果页所显示
的用户资料符合以下条件：

以下是匹配搜索词的用户资料，搜索的范围包括：

- 朋友

- 朋友的朋友

- 那些有帖子被朋友或朋友的朋友点赞或评论的人

而我面临的限制是，我只能在手机屏幕上用一行字表达这些信息。而且，我还得
给那些翻译后会变长的语言预留 30% 的屏幕宽度。

这简直不可能。很快，我就意识到，我无法将那些细节浓缩成几个字。经过几轮
迭代，我给出如下文字：

和您有连接的人

这绝对是我在这种情况下所能想到的最优解了。虽然这样会丢失很多细节，但粗笔写粗字，也无可厚非。所以，我提交了这句话。毕竟它足够简洁，而且只用了一行字的空间。

此后，很长一段时间都没人提起这个项目。直到有一天，有位开发来找我。她当时正准备实现这个模块的功能，但她不太同意那样设计文字。

"这句话根本没说清楚这个模块的功能，我们需要描述得更清晰一些。"她辩称。

我反驳说："这个模块实在是太复杂了，根本没法用简短的文字把功能讲清楚！我们要么简化文字，要么简化功能。"

我们陷入了僵局。这是一个很极端的例子，要想在有限的字数内表达复杂的信息，而且为了满足限制条件，需要舍弃很多信息。为了找到简洁与清晰之间的平衡，我们用了图 3.3 的信息频谱图来说明问题。

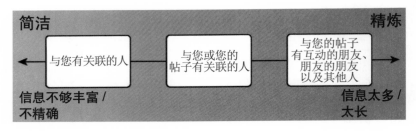

图 3.3
有时候，简洁和清晰是互相冲突的，我们需要在两者之间找到平衡。图中的例子说明了要如何探索信息中的这些特点并找到适合的解决方案

上述问题没法用文字解决。我们需要回到白板前，从根本上重新讨论这个模块想要解决的问题。

虽然我们始终没有发布这个模块，但模块的功能被拆分成几个子模块，每个子模块的功能更简单、更专一。■

关于清晰，不要我以为，要用户以为

也许不用动脑子想都知道，使用用户的语言很重要。文字设计流程应该以用户为中心，尤其是在为用户界面设计文案的时候。使用用户能够理解的文字，最好是用户平时常说的话。除了用第 2 章提到的调研方法，以下这些方法也可以。

- 在线探索：如果用户在网上很活跃，您就能很容易了解到她 / 他会如何谈论产品。也许用户都聚在某个 Facebook 小组里讨论产品。如果是移动应用，可以通过查看用户发表的评价来了解用户如何谈论及使用这个应用。

- 搜索分析：如果产品或网站有搜索功能，可以分析用户搜索时用到的关键词，这不仅能帮您了解用户使用的词语，还能帮您识别产品内可以改进的地方。搜索热词通常能反映出绝大部分用户想要了解的信息。[①]

- 沟通分析：如果在大公司工作，可以从客服中心的通话记录或工单记录中找到和用户话语有关的信息。联系这些部门，看看她 / 他们是否能共享一些数据。在梳理这些数据的过程中，您会发现一些模式和规律并能很好地整合到文字当中。此外，如果能得到数据科学家的帮助，也可以为这类工作锦上添花。

- 向同事取经：取决于您所工作的地方，也许团队里有成员需要经常和客户接触，可能是销售人员，也可能是客户支持人员。不管是哪种情况，和这些同事交流，不仅能让她 / 他们很有成就感，还能让您更了解用户的语言。

分析用户数据时，要注意遵守道德准则。您和其他团队成员都不需要知道用户的姓名或其他隐私信息。要了解用户，但不要监视用户。

这一步非常关键，因为，您可能发现用户语言和团队原本打算使用的语言相差很大。帮助团队从用户的角度看问题。

---

① 译注：详情可参考《SSA：用户搜索心理与行为分析》。

使用直白的语言

大部分时候，对于面向大众的产品，使用直白的语言总是最佳选择。

但这看起来简单做起来难，除非公司有用户为王的文化（面对现实吧，几乎所有公司都还能更加关注用户），否则非常容易陷入商业和软件开发的行话泡沫当中。从问"您的问题是否已妥处"的客服系统（人们会和身边人说"妥处问题"吗？），到只有写这段代码的人才懂的错误代码，实在有太多机会让话语更易于理解，更简单了。

也许您竭力阻止各种时髦词语的涌现并过滤掉像"走您……"和"此番……"这样的短语，但即便这样，还是会有很多语句无法让用户理解。

尼尔森诺曼集团发起的一项可用性测试表明，直白的语言能让所有读者受益。

- 简洁的语言能让用户更快理解一个概念。

- 它对英语（或任何语言）为第二语言的人很有帮助。

- 它能提高内容的搜索引擎排名（SEO）。

这几点能够帮助您说服营销人员和决策者简化产品营销与拉新流程中的措辞。

恰到好处的行话

世界上有各种各样的应用，每个应用对直白语言的定义都不一样。您是否在为特殊受众设计，比如建筑用材的采购经理？还是为更广大的受众设计，比如活动订票应用？如果用户体验写作是公司新设立的岗位，而您没有受众所在行业的相关经验（别担心，绝大部分人都没有），您也许不知道用户更偏好怎样的语言。

举个例子，Facebook 下了很大的功夫反复简化语言。从 Facebook 对核心组件的命名上就能证明这一点，比如"页面""小组"甚至一些更复杂的还用到了广告隐喻的"转换次数"和"互动程度"，这是可以理解的。Facebook 的月活用户数超过 20 亿，而且还把软件本地化翻译成 100 多种语言。

需要注意的一点是，要确保产品所用的术语就是用户所在行业常用的语言。正如我们在第 2 章里介绍的，调研能有效了解专业人士的话语。有时候，与专业人士进行哪怕一次简短的对话，了解他们的工作内容，也能让产品团队受益匪浅，不论是对写作者还是设计师。

解决这类问题，最好的方式是把精简过的文字放到原型中，让用户来发表意见！您能很快知道他们是否会对信息感到困惑以及是否有足够的上下文线索去采取下一步行动。我们将在后续章节进一步讨论用户测试。

行话应用案例

使用直白的语言几乎总是最好的选择，但也有例外。

有一次，我在设计一个机器建模软件，帮助工程师测量和挑选零部件。

举个例子，假设工程师想制造一条传送带，这个传送带需要把番茄运输到一个斜坡上的蔬果清洗机里，然后，再把番茄分装进包装盒并打上标签。这个软件能让工程师输入多种设计参数，如传送倾角、承重和传送速度等，并辅助工程师选择符合制造规格的电动机和驱动。

在这种情况下，我不太可能在界面上解释载荷与倾角之间的关系或是这些术语的含义。实际上，那只会降低工程师的工作效率。最终，只有目标用户才看得懂这个软件怎么用。然而，正是这样，工程师才能更快、更方便地选择机器部件。

实战指导

美国联邦政府使用的直白的语言

说起来您可能不相信，但在"让语言更直白明了"这件事情上，政府做得非常出色。2010 年，美国联邦政府通过了《简明写作法案》，其中清晰地定义了什么是直白的语言：

> 内容清晰、简洁、有条理，切合受众的语言且遵循所论述课题或领域的最佳实践。

同样重要的是，该法案要求所有政府部门或机构在发文时，都必须遵从该写作规范。

尽管所有的政府部门在使用直白的语言上都取得了不同程度的成功，但其中有一个部门却把这种行为"写入了基因"。

18F 是美国总务管理局内的一个产品研发组织，与其他机构一起合作，致力于为政府提供卓越且有用的数字化产品。除了提供非凡的产品，还发布一系列标准和指南。这些指南中的《18F 内容风格指南》，启发了许多产品和组织。

在这个指南里，有一条强有力的建议应该成为首要行事原则："努力做到简单（Do the hard work to make it simple.）。"

原文解释如下：

> 帮助读者理解。将教程或流程分解成独立的步骤。用简短的、简单的、人们日常使用的话语。

> 在教程中提及导航、按钮或菜单时，要用网站或应用里实际使用的文字。写的时候检查拼写，注意大小写。描述要具体。

与其说：

> 打开一个新的会议邀请。

不如说：

> 在谷歌日历中，选择"创建"。

实战指导（续）

简化确认弹窗的文案

让我们来看一个警告弹窗，它会在管理员分配企业用户权限时出现。在这个场景中，管理员正在关闭一个共享功能，该功能允许用户共享公共链接并协作处理共享文件夹和文档，关闭的原因也许是，公司调整了保密制度，或者有人共享了不该共享的文件导致了公司损失。但在关闭公共链接共享权限时，TA 们也许不知道，这会把所有现有的公共链接一并关闭。图 3.4 的弹窗用于帮助管理员知悉并确认该操作的后果。

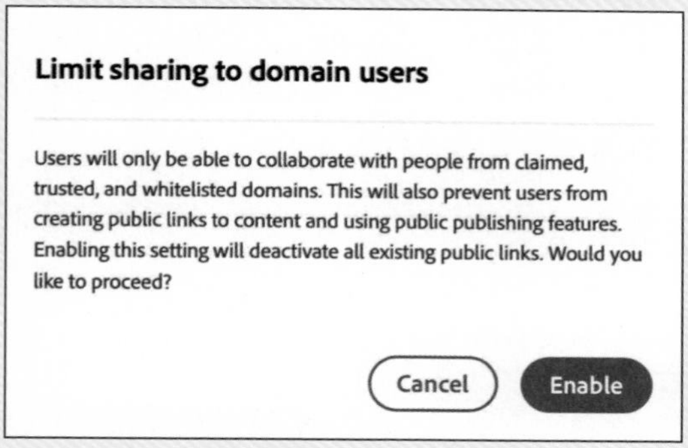

Limit sharing to domain users

Users will only be able to collaborate with people from claimed, trusted, and whitelisted domains. This will also prevent users from creating public links to content and using public publishing features. Enabling this setting will deactivate all existing public links. Would you like to proceed?

Cancel   Enable

图 3.4
该弹窗来自一个企业级软件的管理员后台，系统正在提醒用户，改变权限设置后将产生复杂的后果

这个弹窗里的信息很多。如果让您来优化，比如标题中提到只限于共享给域用户，具体解释是"用户将只能和特定受信任的域共享资源。用户将不能创建公共链接，也无法使用其他公共发布选项。启用该设置会停用所有现有公共链接。是否继续？"怎样才能更有效地传达信息并减轻用户的认知负荷？这个任务并不简单，但可以先将这个文案分解成多个片段。这会让您更加清楚，这到底要传达什么重点。您可能已经有了非常多的想法，让我们先把想法列出来。

- 执行该操作，将限定用户在组织内部共享资源。

- 用户只能和特定受信任的组织（以"域"的形式）共享资源。

- 用户将无法为工作文件创建公共链接。

实战指导（续）

- 启用该选项后，将停用所有现有公共链接。

- 是否启用？是 / 否

把想法列出来，能让您静下心来好好地消化这些信息。不得不说，这个确认弹窗想要传达的信息量实在是有些大。

深入了解整个流程

写作即设计，所以我们不能孤立地看待这些文字。我们需要知道用户是怎么来到这个页面的以及这个弹窗是怎么出现的。如果无法访问和这个文案相关的原型文件，可以询问这个产品的设计师或负责人。知道用户看到这个信息前发生了什么非常重要。图 3.5是图 3.4 确认弹窗出现前用户所看到的共享选项。

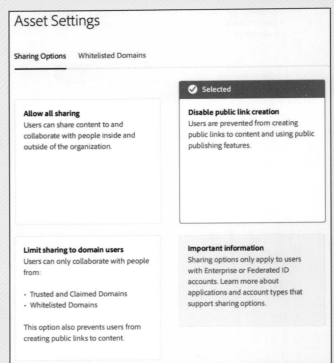

图 3.5
此设置页面允许管理员设置组织内用户的共享权限。当前选中的选项是禁止公共链接共享

实战指导（续）

确定信息点的优先次序

了解交互之后，下一步是判断哪些信息对用户更重要，并对要传达的信息点进行排序。在这个例子里，要让管理者知道，所有现有的公共链接会在确认操作后立即失效，这很重要，所以我们把这条信息从底部移动到顶部。

先明确要确认的问题

接下来，看看有没有可以锦上添花的地方。因为确认弹窗的目的就是确认，所以把这一点反映在标题上。

> 只限共享给域用户？

因为用户界面就是一种和用户对话的方式，用户需要回答标题里提出的问题：按钮文案用最简单的"否"和"是"，相比用行话连连且答非所问的"取消"和"启用"，要准确得多。

去掉冗余的文字

然后，看看图 3.4 的第一句话，谁能解释这里的分享限制是什么意思？用户在弹窗出现前的界面看到过这句话，正如图 3.5 所示。由于这个弹窗的目的不是教育用户有关域的概念，因此可以去掉这句话。

地道

最后，还可以去掉剩余的行话，让文字内容更简单。

- 能 = 让

- 停用 = 删除

至此，一个简洁清晰的确认弹窗就诞生了，如图 3.6 所示。

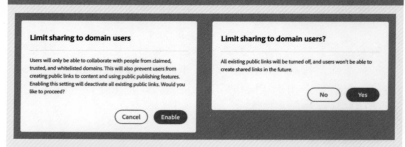

实战指导（续）

图 3.6
最初的确认弹窗（左），优化后的弹窗（右）

新的文案不及原来的一半，且更易于理解。弹窗想要表达的信息更加突出，用户也更清楚确认操作的后果。

找到适合自己的

表达清晰，取决于很多因素，应用的功能、目标用户的类型和应用的使用场景等等。正如篇幅受限的新闻里要省略的序列逗号在法律文书中必不可少一样，"清晰"是一个动态的目标。和本书谈论的其他主题一样，最重要的是对界面和文字表达进行用户测试。

第 4 章

错误提示与焦虑的用户

面对不如意的事情

该怪谁呢...59

设计始于探索...60

怎样写错误提示内容...62

对错误提示进行测试...68

找到适合自己的...71

一提到用户界面（UI）的文字表达，很容易让人联想到错误提示。这些提示总是在用户期待其他事情的时候出现，而且常常让人感到沮丧困惑。它们总是传递坏消息，比如"很抱歉，系统无法处理此请求"或者"对不起，系统发生了意外错误"等。错误提示的性质决定着不可能有所谓"好"的错误提示。最好的错误提示就是没有错误提示。

要理解错误是怎么产生的，首先要了解人们是如何使用产品或服务的。用户关心的是自己的问题能否得到解决，而不太关心通过什么方式解决，也许是通过网站，也许是通过应用，也许是通过语音助手，等等。

以下是用户可能想要解决的一些问题。

- 咨询：孩子生病了，家长想搜索常见的感冒症状或者想查一下最近的药房在哪里。

- 购物：家里添了一位新成员，眼神儿不太好的祖父母想为新生儿选购婴儿服。

- 办事：刚换了银行卡，一个负责支付家庭账单的人想要更新生活缴费服务的支付信息。

- 创作：最近要演讲，一个学生想要用多种工具绘制插画。

人们在使用软件时难免会出错，但软件的报错或警告往往只会让问题变得更复杂。

在我们过往主导或观察过的大部分测试中，用户会因为不会用软件而感到不好意思。如果犯错次数太多而导致负面情绪不断累积，用户会直接放弃。

没有人会故意犯错，人们只是在试着使用一款软件而已。如果人会因为犯错而沮丧，那么设计师就应该用良好的体验来防止用户感到沮丧。

每一次错误提示，都可以是我们帮助用户完成更多事情的机会。塞拉（Kathy Sierra）在她的著作《用户思维 +》[1] 里说明了这一点。

> 产品的口碑好，是因为它成就了卓越的用户。它让用户更聪明，
> 更熟练，水平更高。让用户掌握了更多知识，做了更多有意义的事。

与其琢磨怎么描述这些错误，不如思考怎样才能更好地成就用户。

该怪谁呢

有时候，其实不是用户过于自责，而是有些产品的公司行为让用户不
得不自责，甚至，有些产品用的技术或使用技术的方式本身就是错的。

许多公司都在使用"被动攻击型语言"，也许，这些公司的出发点
是为了保护品牌形象。但是，这种语言不但会让用户反感和让品牌
形象受损，还会降低用户的接受度和留存度，这是对产品增长非常
关键的两个指标。

如果团队还在意这些指标，可以向她 / 他们提出以下问题。

- 是什么原因导致了错误？在排除用户误操作的情况下，一定还有
  很多导致错误的原因，也许是技术上的失误，也许是因为使用场
  景太特殊，等等。

- 用户在什么样的使用环境下会遇到这类错误？用户在正常环境下
  可能不会犯错。留意用户使用产品时的现场环境和时间条件等
  因素。

- 能测试吗？保持客观，让用户发表观点，才能有效地发现他们所
  提出的针对文字表达的改进见解。

虽然，不是所有的错误都是由做产品的这一方造成的，但即便是这样，
拥抱真诚肯定没错。

Slack[2] 是一个团队沟通平台，它很受设计圈的喜爱。Slack 称，她 / 他

---

① 译注：中文版由人民邮电出版社出版。
② 编注：2020 年 12 月，以 277 亿美元的价格被全球 SaaS 行业巨头 Salesforce
　　收购。

们一直以来最喜欢的错误提示如图 4.1 所示。这证明一个公司在事情不尽人意时，仍然可以有责任担当。

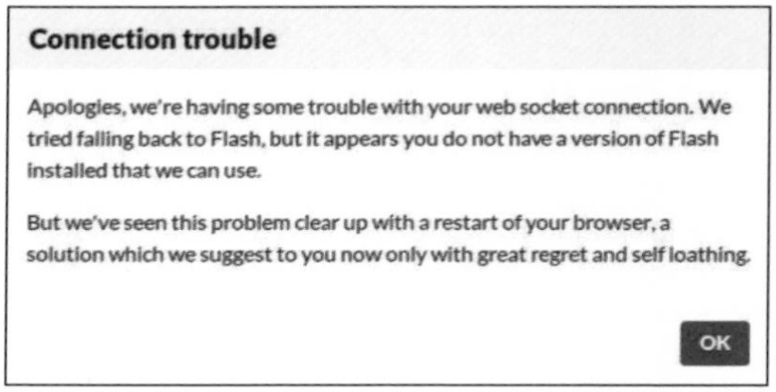

Connection trouble

Apologies, we're having some trouble with your web socket connection. We tried falling back to Flash, but it appears you do not have a version of Flash installed that we can use.

But we've seen this problem clear up with a restart of your browser, a solution which we suggest to you now only with great regret and self loathing.

OK

图 4.1
旧版 Slack 使用的文字。如果发生网络异常，导致无法加载应用，Slack 会主动承担所有责任

图中的文案可能稍显啰嗦，大致意思是但这是个极具代表性的例子，因为 Slack 扭转了一个本来让人沮丧的处境，帮助用户可以尽快正常地使用 Slack。这个例子也许有点夸张，但因为 Slack 的品牌声音足够鲜明，所以在这种情况下，错误提示出现这么多文字，也丝毫没有违和感。

如果系统发生异常，要尽一切努力确保用户无需承担责任。与其推卸责任，不如把精力放在帮助用户实现目标上。

设计始于探索

在开始动笔之前，先思考下面几个问题。

- 为什么会有这个场景？是因为公司政策？还是因为法律规定？或者因为是交互上的惯例？如果不知道为什么，写作将无从下手。

- 错误提示出现之前发生了什么？了解交互的前后场景，才能更好的理解为什么用户没有按照设计好的流程来使用软件。尽量去体会用户使用软件时的感受。分析现有的调研数据或者自己做个调研。

- 产生错误的原因是什么？可能是用户的操作导致、可能是系统发生了故障或可能是软件本身的设计限制。不管怎样，如果设计师自己都不清楚，用户会更加迷糊。

"提问"这种探索性工作，似乎不是写作者应该操心的事，但这确实对写作非常有帮助，这些探索工作能让剩余的工作更加顺利和有效。

卢克塞（Lauren Lucchese）在自己的职业生涯早期就明白这个道理。她是一名设计经理，为许多产品做过文字工作，包括金融类的产品、基于人工智能的产品还有电商类的产品等。有一次，她负责一款金融类产品的文案，团队最开始交给她一张表格，上面有 50 多种错误代码。团队让她写一些错误提示，希望能适用于各种场景。非常想要帮忙的她开始着手这件事情，但很快她就意识到，这种工作方式行不通。

她提出了一系列的问题，发现这些错误提示只会导致两种结果：让用户联系技术支持或让问题陷入死胡同。显然，两种结果都不太理想。

其实有些时候，只需要把用户遇到的问题描述清楚，就能让用户自行解决，并不需要联系技术支持。假如用户只是输错了密码，那么明确向用户说明情况并提示用户密码设置规则，也许就能帮助用户更快地解决问题。

对于其他类型的错误，比如系统检测到有欺诈嫌疑，也许用户仍然需要联系技术支持。但即便这样，也可以在错误提示中说明，这是为了用户账户的安全着想并顺带提供反欺诈中心的直拨电话。这样，用户就不需要因为没完没了的电话转接而感到烦躁，尤其是在用户情绪不稳定的时候。同时，这个方法也适用于已故用户账户这样的场景，对于那些想要访问已故用户账户的人，系统可以帮助她 / 他们直接联系相关部门。

为了改变常规做法，她需要得到产品经理的支持。产品经理通常是团队中对商业结果负责的人，一般来说，对商业结果负责意味着要协助团队按时完成任务。

卢克塞说："当您对产品经理说'实际上，事情比想象中更复杂，除非把这些因素考虑进去，否则，您得不到自己想要的结果，'这样子的沟通方式，负责人是一句话都听不进去的。更有效的做法是从数据的角度思考，把不改变常规做法的商业代价量化出来。"

为了让团队认可前期探索的必要性，卢克塞进行了商业验证。她了

错误提示与焦虑的用户：面对不如意的事情　　61

解到，减小来电总数和缩短平均通话时长能够有效帮助公司降低成本。

她向数据分析团队了解有多少用户不知道自己为什么登录不了账户。她还分析了这些用户与客服的平均通话时长，有的通话竟然持续了半个多小时！她还计算了公司需要为此付出的相应成本。她用这些数据说明了为什么需要更细致的错误提示。

很快，整个团队都意识到合理运用文字表达能带来商业价值，同时还知道了如何衡量这些价值。

卢克塞说："我们知道哪些地方容易让用户困惑，所以我们在这些地方都添加了有针对性的错误提示，不管这对之前的设计有多大改动。这让一切都有了巨大的改善。"

除了优化错误提示，团队还做了其他方面的改进，改善了整个新用户引导流程的体验并显著提升了用户活跃度和用户转化率。卢克塞与团队的共同努力，最终使整个系统不仅可以帮到用户，还能给公司带来好处。

怎样写错误提示内容

知道用户使用产品的具体过程，也就可以知道用户在什么情况下可能发生什么错误。如何写错误提示呢？

以下是写错误提示或设计错误状态的三大原则，其中有一条原则甚至和写作无关：

- 防错：将问题从根源上解决掉，让错误根本不可能发生

- 解释：让用户知道发生了什么问题

- 解决：提供问题的解决方案

下面来看一个实际的问题：如何用手机银行来存支票？

纸质支票还没有被淘汰，而且用的人还挺多，但现在不离开家门也能存钱到银行账户。美国银行的 CEO 称，2018 年 4 月至 6 月期间，相比到当地支行办理业务，人们更愿意用手机银行办理业务。

但如果想用手机银行存支票，必须满足以下条件，否则系统会报错。

- 用户必须手动输入支票金额。

- 用户输入的金额必须和纸质支票上的金额一致。

- 支票的照片必须清楚显示账号、金融机构识别码和支票金额，而且要能被软件识别。

- 支票上要有签名。

- 用户必须在支票背面写上"For online deposit only"（2018 年起的法律要求）。

这些只是最常见的注意事项！也许还有很多很多需要注意的以防意外。让我们看一看现实中的例子。

防错

防错就是防止用户在完成任务的过程中受挫。这意味着，在理想情况下，用户能够顺利地把支票存入银行账户，然后继续做其他事情。用户遇到的问题越少，存款体验越好，银行的麻烦也越少。

利用视觉提示和常见的交互模式，能够有效地防止用户犯错，提升用户体验。图 4.2 是摩根大通银行的手机存支票功能。银行希望用户先输入支票金额，然后再上传支票照片，因此，设计师选择用较大的字号来突出金额输入框，引导用户先输入金额，并用"灰显"设计来表示其他控件处于禁用状态，避免用户的注意力被拍照按钮所吸引。如果用户在未输入金额时选择 Next 按钮进入下一步，系统就会报错。

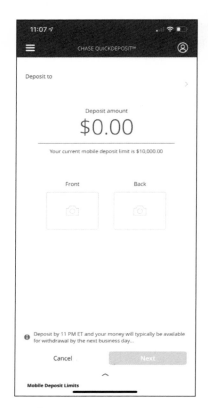

图 4.2
因为用了视觉提示和"禁
用状态"来引导用户，
摩根大通银行的存支票
功能有效地防止了错误
的发生

另外一个防错的例子是，帮助用户输入日期，有些系统需要用户输
入生日要求用户以"年 / 月 / 日"的格式填写。为了防错，系统可
以让文本输入框自动添加斜杠。此外，系统还可以使用日期选择器
或滚轮选择器来选择日期，但选择器的输入效率不如文本输入框。
因为部分用户需要点击很多次或者滚动很多次，才能找到自己的
生日。

对话式交互，比如语言助手以及聊天机器人，都可以用类似的防错
机制。由于这类交互都只能接受特定的输入，因此系统需要向用户
提供明确的提示。比如，航空公司的电话客服自助查询系统会这么说：
"您可以说'查看航班状态''或'更改我的预约'。"这些系统
的设计师在问题发生前就告诉用户系统有什么能力以及系统能接收
什么指令。

防错的思路层出不穷。只有熟练运用设计思维，加上对技术和商业限制的深刻理解，才能设计出有效的防错机制。

解释

回到存支票的例子：有时错误是无法避免的。假设用户有张巨额支票，而且用户也正确填写了支票金额。但是问题来了，银行有硬性规定，手机银行存支票的金额上限为一万美金。

图 4.3 展示了摩根大通银行是怎么处理这个问题的。基本思路是清楚说明出错的原因。摩根大通银行做得还算不错，但不足的地方是，用户不知道为什么银行要设置金额上限。假如用户想改用别的方式存这张支票，也无法得知其他存款方式是否也有这个限制。

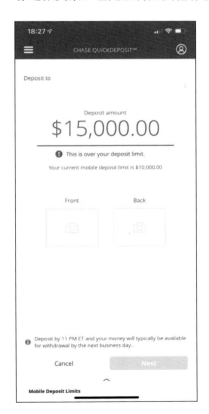

图 4.3
用户输入的金额超出存款金额上限时，界面出现的错误提示简洁而清晰，但没有告诉用户哪里可以存这笔钱

为什么不提供这些信息呢？也许是界面上没有足够的空间显示更多文字。也许是业务人员认为这不重要。也许是设计团队没有想到这些场景。

还是那句话，提前察觉问题并防止问题发生，这一点至关重要。用这种心态写作，其实就是在设计。如果认为自己的职责只是在字数限制下填充文字，您会限制自己帮助用户的潜力。无论什么职位，都可以和团队一起探索以下选项，以不一样的视角重新看待问题。

- 添加文字提示（当用户聚焦或者轻触一个元素时，文字提示会显示有意义的文本）。

- 增加错误提示的显示面积，如果是全新的项目，可以与团队一起确定实际需要的文字长度和空间。

- 添加链接进行补充解释（很适合网页类产品）。

什么样的错误提示才算足够详细？最好让用户告诉您答案。测试错误提示的方法和测试其他设计方案的方法一样。

解决方案才是用户选择信任一款产品的终极原因。产品能否向用户解释清楚当下发生的问题，也许意味着用户是选择拥抱还是拒绝一款产品。

解决

运用好前面两项原则后，如果还需要写错误提示，务必确保在错误提示中包含解决问题的方案，这对用户和企业至关重要。能够解释清楚问题只是第一步，若就此止步，用户也许会问"然后呢？"然后二话不说就卸载产品。

解决是指提供下一步行动建议。要做到这一点，需要理解并支持用户的意图。

摩根大通手机银行的"自动拍照"功能，会在摄像头识别出支票时自动拍照。当"自动拍照"无法识别到支票时，会显示图 4.4 的界面。

图 4.4
这个错误状态提供了两种方案帮助用户解决问题

这已经不仅仅是写错误提示了。"手动拍照"和"重新识别"给用户提供了两种解决方案，帮助用户更快完成存支票的业务。如果文字表达是"您自己拍"，听起来会有点像是命令，但只有通过测试，才能确定用户是否真的会这样想。

面对棘手的问题

有时候，用户遇到的问题很难解决，因为可能要重新思考整个系统的设计才能解决。

我在设计聊天机器人的时候就遇到了这样的问题。这个机器人的目的是帮助用户理解一些复杂话题。但我们的产品还处于一个早期的探索阶段，暂时还不能回答太多问题。

如果系统无法回答用户的问题，机器人就会从错误提示库中找到下面这样的回复：

> 我不知道。
>
> 我不太确定这个。
>
> 对不起，我不明白。

当时，用户问的大部分问题系统都无法回答，所以用户只能收到这些错误提示。用户会觉得这是自己的问题，看上去是她／他们不知道如何使用这个产品。

错误提示与焦虑的用户：面对不如意的事情　　67

最开始，团队希望我能重新写这些错误提示。但如果只是换种方式说"我不知道"，并不能解决任何问题。用户还是会感到困惑，还是会放弃使用这个功能。

我们改变了系统的逻辑，让系统能够在第二次遇到无法回答的问题时，给出不一样的回应，来帮助用户更加靠近目标。

系统第一次遇到无法回答的问题时，会说：

> 对不起，我不太明白。我的聊天水平暂时还很有限，也许换一种
> 表达方式我能听得懂。

系统第二次遇到无法回答的问题时，会提供另一种解决方案：

> 我不知道答案。虽然我无法帮忙，但是您的问题能帮助我学习。
> 是否需要协助您与专家取得联系？

这个问题之所以棘手，是因为现有知识库的知识存储有限，无法满足用户的所有需求。虽然这个方案需要工程师团队改变现有系统的逻辑，但这一切都是值得的。

这种层层递进的帮助确实提高了用户的活跃度。起初的设计会使用户感到气馁，而现在，用户相信自己是在帮助产品变得更好。更重要的是，用户的问题也得到了解决。最终，我们通过更好的错误提示提高了产品的转化率。■

对错误提示进行测试

即使需求探索工作做得很充分，防错机制设计得很巧妙，问题解释得很清楚，解决方案提供得很贴心，但智者千虑，难免一失。

怎样才能更有把握呢？用户测试。

尹（Natalie Yee）是一位 UX 设计师，她的工作内容相当丰富，但让她意识到文字有价值的是她从事医疗类产品的工作经历。

她一次项目经历中了解到用户在情绪不稳定和焦灼不安时会有哪些行为，她还分享了团队是怎么发现这一点的。

她说："我们测试的时候，用的是打印出来的原型图，所以用户无法进行实际的交互。测试的过程中，许多人的脸色当场就变了，用户会抱怨说出类似'这个软件让我很生气'或者'好吧，那我再等等好了'这样的话。"

在接受测试的功能里，有一个功能有使用次数的限制；当超过每日的限制时，系统会显示错误提示，告知用户其已达到使用次数上限并可在下一天再次使用此功能。

看到这条错误提示时，用户觉得是系统出了问题。实际上，用户是觉得系统把自己的信息弄丢了。但真实情况是，不管用户有没有看到这条错误提示，系统都会保存好用户的信息。

尹（Yee）说："我们做了一些改进，让错误提示把情况描述得更清楚，当我们再次测试这个功能时，用户不但没有表现出不安，反而觉得很安心。"

这次测试让整个团队意识到自己可以通过改变处理问题方式，让事情朝着更好的方向发展。

尹说："我们根据测试反馈调整了大部分文案，因为原先的文字表达太容易让人产生焦虑或者不知所措。"

任何产品都可以测试，包括任何文字表达，也可以测试。正如尹所说，用户会因此而感到庆幸。她的测试经历让她明白了文字的重要性，她说："我们明白，文字既能让人安心，也能让人糟心，文字能产生非常深远的影响，有时，这种影响将持续好几年，但我们考虑界面上的文字时，往往并没有意识到要谨慎地看待每一个字。"

在让文字发挥更大作用的同时，尹也更了解了用户的需求，更了解了用户的历程。

"保持文字表达在应用内的一致性固然很重要，但更重要的是，要考虑到这些文字会对人们的真实生活产生什么样的影响。"

原则不适用的情况

"我们需要您帮忙为百岁以上的高龄人群设计错误提示。"

我才刚到公司，开发经理就给我提了这个需求。

"啊？"我问，如果"啊"一声能算疑问的话。我当时好像还没有睡醒。

"用户注册时需要填写生日，但安全指南规定，我们不能接受 100 年以前出生的用户。您能写个错误提示吗？我们正在给注册表单写数据库接口。目前，生日输入框的占位符写的是'请输入合法的出生日'。"

我简直想要抛出太多太多的问题了。

为什么会有安全指南这东西？其他表单需要有类似的错误提示吗？我要怎么向用户解释这个政策？

"所以，如果有人是 100 岁或更年长，我们需要在注册表单里弹出错误提示，是吗？"我终于清醒了。

"是的，"她回答说。

直到现在，房间里的其他人，比如产品经理和视觉设计师，才开始注意到我们的对话。

产品经理问："我们真的会有那么多百岁以上的人注册吗？"一般在这种情况下，产品经理需要为团队确定方向。他之所以提出这个问题是因为解决这个问题需要时间。而他觉得我们没有时间。再说了，这难道不是一个边缘用例吗？

有时，想要写错误提示却无从下笔。比如因政策而产生的错误，往往不是以用户为中心，而是以企业为中心的，所以，不管怎么写，都难让用户满意。

在迈耶（Eric Meyer）和沃克特 - 波切尔（Sara Wachter-Boettcher）合著的书《为真实生活设计》（*Design for Real Life*）里，两位作者认为："边缘用户（通常被软件开发团队用来指代用户中很小的一部分人）"这个术语诞生的目的，就是为了忽略少数群体。比如有的团队会说："别慌，那只不过是个边缘用户。"

因此，两位作者创造了新的术语"焦虑用户"，因为这把焦点放在用户使用产品时可能产生的沮丧情绪上。

尽管大部分团队不太可能经常遇到百岁以上的高龄用户，但这并不意味着不存在这样的人。实际上，这类人口在持续增长。2010 有一次人口普查显示，光是美国，就有 53 364 位超过 100 岁的人，相比 1980 年的人口普查增长了 65.5%。[①]

如果这群人在网购时遇到注册错误，这就相当于我们在向这 53 364 人表明说我们不稀罕和您们做生意，但这总比没有错误提示要好一些。

参与产品开发的任何人，都有资格写错误提示，但如果这是您的工作职责，您最适合发表意见，探讨如何用文字满足用户的需求和满足企业的需求。如果把写作视为设计，您将会为更多的人解决他们的"焦虑用例"，您将为所有用户而不只是大部分用户创造更美好的体验。■

找到适合自己的

也许，大部分人在设计时，并不会认为自己在写错误提示，也不会认为自己在梳理产品里的焦虑用例。但是，错误提示不只是提示，而是成就或破坏用户体验的关键环节。

因为文字即设计，每次写错误提示，都是在帮助用户完成任务，让产品有机会帮助到更多的人。

---

① 编注：2019 年底美国人口普查局报告，百岁老人的数量超过 10 万人。

第 5 章

包容性与无障碍

面向所有人的文字

为什么要考虑到包容性.. 75

包容性.. 75

Fitbit 里的性别.. 77

群体与身份... 80

无障碍... 85

无障碍写作标准... 87

找到适合自己的... 94

有包容性的体验，会让所有人受益。马特·梅（Matt May）在 20 年前就意识到这一点，他当时在西雅图的一家杂货订购网站工作，该网站提供的服务能帮助繁忙的家长节约购物时间。

"我们收到很多残障人士来电反馈说「我明白您们很关心如何帮助足球妈妈①节省购物时间，但我每次购物都要花 4 个多小时，因为我得先打电话给杂货店，说清楚我要哪些东西，杂货店的员工呢，会告诉我他们店里有哪些东西。然后呢，我要约一辆车，还得有无障碍坡道，因为我是盲人（或残疾人）。」我意识到，我为大部分（身体健全的）买家节省的时间是每天 15 分钟，但还有一部分人要花大半天时间才能买到想要的东西。"

这让梅（May）非常触动并对他的职业生涯产生了很大的影响。随后，他以无障碍专家的身份在万维网联盟（W3C）工作，并合著了《Web 应用的通用化设计》，讲述如何构建无障碍网页产品。他现在是 Adobe 包容性设计的负责人。

无障碍设计和包容性设计有很多重叠的地方，但两者有本质上的区别，我们要在本章中讨论这两种设计的一些概念。

经常有人问梅（May）两者有什么区别。梅（May）这样回答说："无障碍是终点，是目的，是宗旨。无障碍是填补残障人群对可用性需求的空白。"

无障碍这个词还有其他意思。也许有人会说"这个网站是 24 小时营业的，所以它对所有人来说都是没有障碍的。"当我们假定用户已经知道无障碍的含义时，我们就已经面临着一个术语上的障碍。

"我认为包容性设计最大的不同是，它的含义更广泛，不只是意味着包容残障人群。"梅（May）说，"也许是包容残障人群，也许是包容不同种族，也许是包容不同年龄，也许是包容不同性别，甚至，连每个人的个人经历都应当得到包容。所有的这一切，都应该纳入包容性的范畴。"

---

① 编注：指北美地区中产阶级中的家庭妇女，她们一般住在郊外，要花很多时间接送孩子去参加足球等课外活动。这个词起源于 20 世纪 90 年代中期。

梅（May）还说："从根本上来说，如果「无障碍」是船只想要抵达的港湾，那么包容性设计就是指向那个港湾的罗盘。"

为什么要考虑到包容性

使用包容性的语言，让用户感受到产品是为他们量身打造的。您的同事也许会反对在包容性上投入时间和精力。也许他们会说："现在的体验已经能让 95% 的用户满意了，难道还不够么？"

嗯……恐怕不够。在写这本书的时候，全球人口超出 75 亿。如果不考虑哪怕 10% 的人，就意味着有 7.55 亿人不能方便地使用您的产品、购买您的服务或体验您的界面。

实际上，这个数字更大。2018 年，世界卫生组织报告称，全世界约有 2.17 亿人有严重的视力损伤，其中有 3600 万人是盲人。有 4.66亿人有听力损失或完全丧失听觉。[①]

里夫基金会估计，仅在美国，就有 540 万人患有麻痹症或相似症状。[②]

了解自己的用户群体的性别和性取向，您会发现排挤现象多么常见，而一旦发生，又会把多少人排挤在外。之所以列出这些群体，只是想说明少数派实际的人数并不少。如果措辞上让潜在用户觉得您在设计这个产品的时候没有考虑到她 / 他的体验，就会拒绝使用这个产品。您也将因此而错过一大笔收入。

提倡包容性写作的人，并不想当社会正义战士（尽管他们并没有做错什么），也不是想把工作政治化。包容性写作对企业有切实的好处。

包容性

凯特·霍尔姆斯（Kat Holmes）在她的著作《错配：包容性如何指导设计》中提到，设计师和写作者在设计产品时，往往只顾着为自己写作，

---

① https://www.who.int/news-room/fact-sheets/detail/deafness-and-hearing-loss
② https://www.christopherreeve.org/living-with-paralysis/stats-about-paralysis

为自己设计。即便采用无障碍设计，仍然难免有少部分用户无法获得良好的产品使用体验。

赫尔姆斯（Holmes）协助开发的《微软包容性设计手册》很好地总结了这一点："理想情况下，将无障碍设计和包容性设计相结合，不仅能让体验符合业界水准，还能让产品真正可用，真正对所有人开放。"①

"以人为中心的设计有个很大的缺点，那就是没有指导人们该如何在设计流程中融入多元化元素。比如，到底谁算得上是以用户为中心的'中心'呢？大部分设计师以自身的能力和经验作为设计的参考水准。"这是赫尔姆斯（Holmes）的观点。

这份微软手册里有很多经典案例。比如，在设计非接触式界面时，如智能音箱，原本只是打算为手脚不便或失去行动能力的人设计的交互，却额外帮助到了手脚暂时忙不开的人，比如一边抱着婴儿，一边浏览产品或网站的父母。而另一些专门为失聪人士设计的产品，却发现能帮助到耳部暂时受伤的人或是在嘈杂环境中工作的人，比如调酒师。

正如这份手册所说，我们在一生当中，或多或少都经历过"临时性的残障"。通过关注人类在生活环境里的更一般的体验，设计师和写作者能呈几何级数地放大包容性设计的影响。

帮助聋人司机行驶得更远

我的朋友劳伦（Lauren）最近在用共享出行应用 Lyft（来福）②，在匹配司机的时候，她收到一则通知。如图 5.1 所示，通知说她的司机可能耳聋或患有重度听力损失，如果有需要，请用文字消息的方式与司机联系，而不是用电话联系司机。

---

① https://www.microsoft.com /design/inclusive/
② 编注：2019 年春上市，估值为 220 亿美元，从最初的社交应用演变而来。2020 年第一季度财报显示，亏损 3.981 亿美元，收入 9.557 亿美元。2021 年 4 月，丰田子公司 Woven Planet 以 5.5 亿美元收购了 Lyft 的自动驾驶汽车部门。截至 2021 年 4 月 29 日，Lyft 总市值 208.81 亿美元，每股 63.40 美元。

图 5.1
Lyft 发给乘客的推送通知，提醒她司机耳聋或患有重度听力损失，她应该发消息联系司机而不是打电话。如果乘客需要，Lyft 还提供了用美国手语沟通的选项

我猜，在 Lyft 认证的司机里，应该只有很小一部分是聋人。但 Lyft 依然愿意提升这部分司机的体验，这是一个非常棒的包容性实践案例。聋人司机再也不会因为听不到乘客说的话而感到慌乱，他们可以把车停在路旁，用文字与乘客沟通，或者用他们觉得舒服的任何方式与乘客沟通。

我自己也收到过类似的通知，很多不说英语的司机，或者不习惯在行车过程中交谈的司机也会选择使用这个功能。这样的用法即使不是 Lyft 的本意，也能算是一种妙用，因为司机的目的就是告诉乘客，他不想（或真的无法）说话。■

Fitbit 里的性别

艾达·鲍尔斯（Ada Powers）是一位社群组织者和 UX 从业人员，她很清楚在产品里遵循伦理和保持公正的重要性。她认为，在大公司内布道包容性思想，设计起到了至关重要的作用。

鲍尔斯（Powers）是个变性人，她经常在使用不同的产品时觉得自己被排斥。其中一个产品是 Fitbit。鲍尔斯（Powers）在编辑个人资料的时候，Fitbit 让她选择性别，但选项只有"男"或"女"，如图 5.2 的应用截图所示。看似很简单，对吧？

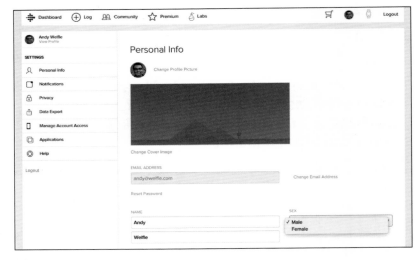

图 5.2
Fitbit 应用的个人资料编辑界面截图

对鲍尔斯（Powers）和其他变性人来说，这个问题一点儿都不简单。

鲍尔斯（Powers）说："我希望充分发挥 Fitbit 的价值，所以我很想知道 Fitbit 询问这些信息是不是为了更好地帮助我。我一开始认为，Fitbit 只是单纯想知道我的性别，所以我填写了'女'，但后来我发现我还需要提供身高和体重信息，所以我开始觉得，也许 Fitbit 需要的是生理信息，而不是人口统计学信息。但是，如果从染色体的角度，我好像应该填写'男'，但如果从性激素的角度，而我体内雌性激素占主导地位，所以我是不是应该填写'女'呢？"

"但事情比想象中还要复杂。如果我填写了'女'，Fitbit 会不会认为我会想要追踪经期？万一我是个顺性女[1]，但没有子宫，或者子宫特征不明显怎么办？Fitbit 会用这个信息来推断性激素水平，从而算出卡路里消耗模型吗？还有，患有 PCOS（多囊性卵巢综合症）的人，睾酮的分泌水平会偏高，Fitbit 的卡路里消耗模型是否会考虑到这一点？"

鲍尔斯（Powers）说，类似这样的资料收集过程，非常影响她的体验，因为她不知道产品的设计师会怎么使用这些信息。产品的设计师到底怎么处理这种情况才不至于让人觉得自己是被冒犯了？鲍尔

---

① 编注：出生时被归为女性，但已经完成或已在进行向男性自我认同转变，心理和社会上都在转变为男性。

斯（Powers）说关键策略是公开透明。

"如果他们将包容性纳入考量，就会知道有些问题并没有简单的答案。如果他们能讲清楚自己需要什么信息以及为什么需要，这不仅能帮助像我一样被边缘化的人，还能帮助那些无法被简单归类的人，这些信息能帮助人们确定下一步行动。这对用户和企业来说是双赢。"

企业需要告知用户他们为什么要采集这些信息。是为了做人口学统计？是为了实现个性化广告推荐？还是为了满足核心功能的使用条件？

对文字工作者来说，确定一个产品要采集哪些信息以及为什么采集并不简单，但很重要。

以下问题可以问自己，也可以问团队。

- 我们将怎么使用这些信息？是需要这些信息才能建立某些假设吗？

- 如果有人滥用这些信息怎么办？如果有人违背公司的本意，毫无道德底线地滥用收集到的人口统计学信息怎么办？不管是购买这些数据的人，还是公司内部的人，都有可能滥用这些信息。

- 如果询问这些信息让用户觉得难堪，怎么办？有哪些人会因为这些问题而感到焦虑、感到被排斥甚至导致精神创伤。

提出这些问题也许会让您不受团队待见，但若能让团队意识到问题，注意到使用数据的伦理道德，就是值得的。如果能成功改变团队的想法，让产品更加公开透明，让用户更充分地了解信息，少数派群体的用户体验将得到极大的改善。

也许您会说："这不算什么，这只是一个表单选项而已。"没错。在这个例子里，也许只有一个选项。但那些被边缘化的人，每天都要面临好几个有时甚至好几十个让自己感到受排挤的选项。

回到 Fitbit 的例子，假设 Fitbit 的注册表单明确说明为什么要收集性别信息，鲍尔斯（Powers）的体验会有什么不同？不管只是为了人口统计学目的，还是为了生物统计学目的，都会更方便鲍尔斯（Powers）做出决策。当然，Fitbit 最应该做的是让性别成为选填内容或提供可自定义编辑性别的文本框。

看看 One Medical Group 的病人登记表（图 5.3），登记表里有足够
的上下文信息让病人了解为什么要填写这些信息。

图 5.3
虽然文字很多，
但 One Medical
Group 公开透明
地向病人说明
为什么需要填
写生物意义上
的性别[1]

群体与身份

说话的场合很重要。和朋友一起出去玩时，您知道该怎么和朋友聊天，
您知道该怎么谈论朋友。为用户写作时，您不知道用户是谁，准确
地说，您不知道用户会是谁。您不了解用户的生活方式。您也不了
解用户的真实身份。

接下来将分享一些包容性写作指南。但在此之前，需要了解两点。

- 该指南的讨论范围里并没有囊括所有需要被包容的群体。世界上
有大量需要被包容的群体。这正是本章让人感到讽刺的地方，希
望讨论包容性，却因为篇幅的限制，把很多群体排斥在讨论范围

---

[1] https://uxdesign.cc/designing-forms-for-gender-diversity-and-inclusion-
d8194cf1f51

外。包容性写作的范围正在不断发展。而我们的目的是帮助写作者把包容性写作融入到日常工作当中，持续不断地学习包容性写作的最新动态。

- 语言的含义和用法会随着时间不断演变。比如"智障"最开始是一个医学术语，用于描述患有"发展障碍"的病人，接着，这个词被用来辱骂他人。但现在，越来越多的人开始拥抱最开始的用法，辱骂的用法已经过时（也许您读到这个词的时候仍会感到发毛，我们也有这种感受，大部分人都还没有接受这个转变）。随着社会的进步，公众对待少数群体的态度会越来越平等，我们在提到他们时也要做到公平与包容。不断学习，永不停步。

描述人体特征时避免夹带个人观点

尽管以人为本的写作和拥抱身份认同的写作不受任何条条框框的限制，[1] 但有个陷阱一定要避免，那就是带着个人观点描述残障人士的特征，无论是正面的观点，还是负面的观点。比如表 5.1 的例子。表中内容想要表达的意见如下。

表 5.1　以尊重的态度谈论身份

避免这样说	轮椅束缚着她。她这辈子都要和轮椅绑定在一起了。
建议这样说	她使用轮椅。（别忘了，轮椅也是一种交通工具，并没有规定说只有特定人才能使用轮椅。）
避免这样说	他挺自闭的。
建议这样说	他患有自闭症。
避免这样说	他们勇敢地面对灾难，重新学习如何说话。
建议这样说	两年前患了中风的他们，已经恢复了开口说话的能力。

---

[1]　不必只限于听取我们的建议，美国心理学会的写作指南，网址为 http://supp.apa.org/style/pubman-ch03-00.pdf，也能够帮助写作者做到让文字更加清晰，简洁，不带个人偏见。此外，美国语言学会的包容性写作指南也不错，网址为 https://www.linguisticsociety.org/resource/guidelines-inclusive-language

世界残疾人锦标赛冠军的身份认同

我的妹妹妮娜（Nina）是一位使用轮椅的残疾人，她也是一位让人敬畏的轮椅篮球运动员。她每天都要进行几小时的训练，而这一切付出都在最终为她赢得了回报。她成功竞选加入美国 U25 青年女子轮椅篮球队，而且还帮助美国队拿下了2019 世界女子轮椅篮球锦标赛的冠军（图 5.4）！人们在报道她时，说她有多么勇敢，她需要克服多少的困难才能成为一名运动员，她做到这一切多么激励人心，等等。

许多残疾人运动员认为这是一种歧视或认为自己被当成了弱者。妮娜（Nina）也这么觉得，她说："我希望人们受到鼓舞的原因是我真的很努力，而不是因为我使用轮椅。"

图 5.4
拿着 2019 世界锦标赛奖杯的轮椅篮球运动员妮娜（Nina Welfle）

妮娜（Nina）的努力以及她所做的贡献非常让人钦佩。她训练得非常刻苦，以至于她从 12 岁开始（我 24 岁）就能在掰手腕上赢过我。■

谈论人时，避免以点带面

根据职业背景或过往经历给一个人贴标签也许并不难，特别是在打造专业软件时，似乎不费吹灰之力就能假想出专业软件用户的画像。但您的目标是写出清晰易懂并让所有人都能感同身受的文字，而不只是采购人员能理解的文字，也不只是非常了解这类产品的人能理解的文字，如表 5.2 所示。

表 5.2　不要用刻板化的语言排挤用户

避免这样说	Adobe Photoshop 是专为平面设计师、摄影师、插画师以及 3D 设计师量身打造的设计工具
建议这样说	Adobe Photoshop 帮助您在平面设计、摄影后期处理、插画绘制以及 3D 渲染上尽情发挥创意

单数形式的"人们"

用"人们"来指代单数人称是可取的。实际上，我们认为这样做更具有包容性。性别不是只有两个选项；越来越多的人认为"男"或"女"都无法表示他们的性别，所以在写作时，也不能贸然断定他们的性别。我们没有必要使用累赘的他 / 她或"he/she"与"(s)he"作为人称代词。相反，使用"人们"甚至都是可取的。

当您所在的组织对语法有严格的要求，在使用复数代词指代单个人会受到指责时，您可以提醒他们，早在 14 世纪，刚被用来指代多个人的人们，很快就被用来指代单个人。表 5.3 是"人们（对方）"的用法举例。

表 5.3　用"TA 们"来简化文字

避免这样说	该表单将会被发送至客户服务代表。 他（她）会在一个工作日内回复。
建议这样说	该表单将会被发送至客户服务代表， 对方会在一个工作日内回复。

如果需要在界面中使用人称代词，注意下面三点。

- 要分别询问用户的性别和人称代词（尽管大部分产品压根不需要询问这些信息）。不要误以为性别选择了"男"的用户，就一定会选择"他 / 他的"作为代词。

- 人称代词是事实的陈述，不是观点，所以不要问用户"偏好"哪种代词。

- 允许用户修改人称代词。假定用户随时都可能改变他们的代词。

如果在医疗保健公司或医疗保险公司工作，也许法律明确规定要询问用户的性别。确保询问得足够具体：需要问用户出生时指定的性别，还是法定性别？

进一步了解包容性语言

《意识风格指南》[①]收集了一系列的文章、指南和观点，讨论描写人时为避免造成歧视而需斟酌的用语。文章的话题涵盖宗教、性别认同、性别、健康、年龄和能力等，是权威的一站式获取包容性资讯的信息库。

包容乃后天之德

本书两位作者是白人、异性恋、没有变过性、中产阶级、男性、生活在美国大都市，我们享有许多特权，而且从来没有经历过以下事情：

- 被认错性别

- 因为肤色被警察恐吓

- 因为性别而错失工作机会

……还有很多我们没有经历过的不公正待遇。因为我们最了解的还是自己，所以不管是写作还是设计，都难免带有假设，带有偏见。

我们都很清楚自己喜欢什么样的文字，自己有过什么样的经历，自己喜欢什么，不喜欢什么。所以，我们会习惯成自然地为自己或者为自己这样的人设计。

随着科技不断接管我们的大部分生活，科技对我们的影响越来越大，所以挑战自

---

① 凯伦•尹（Karen Yin）出版于 2019 年 6 月，网址为 https://consciousstyleguide.com

己的假设和了解他人的需求就变得越来越重要。如果您还没试过带着包容性思维进行写作与设计，难免会犯一些初级错误。犯错不要紧，重要的是明白如何面对错误，如何从错误中学习。

我们认错过别人的性别，有时还不止认错一次。我们取笑过有智力缺陷的人，称他们为"疯子"，有身体残缺的人是"瘸子"，轻视过这些人的感受。

如果有人因为您所使用的文字批评您（不管是出于个人原因，还是通过指出产品里的不恰当用语），都不应该反驳。把这些反馈当作是学习的机会，当作是变得更加公开透明的机会。向提出问题的人说："对不起，我感到非常抱歉。"或"谢谢您，让我意识到我做得还不够好，我会努力在下一次做得更好。"

除了自己学习，还应该抓住任何机会帮助同事培养包容心。不应该让团队里处于弱势的一方来提出这些问题，让这些问题成为日常工作中随时可以探讨的话题，能让整个科技行业更具有包容性。■

无障碍

让产品对残障人士更友好，是个不错的主意，在一些受到严格管制的行业，比如医疗保健行业或者公共服务行业，法律明确要求这类行业的网站必须符合无障碍标准。美国 1973 年《康复法案》第 508 部分规定，政府须确保残障人士使用政府部门网站，使用政务服务的权利。这份法案出台后的 16 年，万维网才诞生，但这节规定在1998 年被修订过，所以这节规定会出现与网站有关的相关内容，也就不足为奇了。英国 2010 年《平权法案》也要求英国政府的网站必须符合无障碍标准。

写作者和设计师衡量内容的无障碍等级时，参考的标准是《网页内容无障碍指南 2.1 版》（WCAG2）。我们不会在这里赘述指南里的内容（您应该花点时间熟悉里面的内容），但会介绍指南里的一些要点。①

---

① https://www.w3.org/WAI/standards-guidelines/wcag/glance/

可感知的

允许用户用至少一种感知方式感知内容或感知操作。

- 为非文本内容提供辅助说明文本。

- 为多媒体内容提供字幕或其他说明文本。

- 内容能在不丢失含义的基础上以多种方式呈现，比如内容要能被辅助仪器识别。

- 让用户能轻松地阅读或聆听内容。

可操作的

避免出现难以操作的交互。

- 所有功能都要适配键盘交互。

- 让用户有充足的时间理解内容。

- 内容不能引起癫痫或其他生理反应。

- 帮助用户导航界面，发现内容。

- 让用户无需键盘也能轻松地输入信息。

> **说明** 留意视频中的闪烁现象
>
> 癫痫病患者在使用屏幕时需要时刻提防着屏幕上呈现的内容，因为光的闪烁频率过快、光的亮度过强以及色彩的饱和度过高，都容易诱发癫痫发作。WCAG2 建议避免使用闪烁频率过超过每秒 3 次的视频并建议适当降低视频颜色的对比度。

易于理解的

内容或操作的描述不能超出用户的理解范围。

- 使用容易理解、可读性好的文字。

- 应以符合用户预期的方式呈现内容与交互。

- 防止用户犯错，帮助用户纠正错误。

稳定的

技术会不断进步，用户代理会不断演变，内容也需要与时俱进，始终保持可访问性。

- 最大限度地与用户现在用的工具以及未来要使用的工具保持兼容性。

无障碍写作标准

虽然按照 WCAG2 的标准写作不是件容易的事，但是值得。天才的代表和著名物理学家爱因斯坦说过："傻子喜欢把事情闹大，闹复杂，变猛烈。聪明人除了需要少许的天赋，还需要极大的勇气，才能让事情往相反的方向发展。"

幸运的是，本书将帮助您写出更符合无障碍标准的文字。到目前为止，您已经了解到下面三点。

- 清晰的重要性。

- 如何用文字来表达错误状态和焦虑。

- 如何测试文字的有效性。

掌握这些内容能让文字对屏幕朗读器更友好，为有需要的用户提供更多的背景信息，更容易被算法分析。

但即便是读了这些章节，还是可能忽略一些特别重要的点。

为屏幕朗读器写作

视力不太好或失明的人使用应用和网站的方式，与视力良好的人使用应用和网站的方式有着巨大的差别。（他们所使用的）屏幕朗读器会竭尽所能地分析屏幕上的内容,然后将内容朗读出来。在这个过程中,很容易出现不尽人意的状况。确保屏幕朗读器使用者能更好地使用内容,这是界面文字工作者的重要职责。

以下是和屏幕朗读器有关的注意事项。

- 没有视力障碍的用户,平均阅读速度是每秒 2 到 5 个字。使用屏幕朗读器的用户,平均听读速度是每秒 35 个音节,这比阅读速度快得多。清晰表达也许要以牺牲简洁为前提,但有些时候,额外的信息非常有用或者很有必要,所以大可不必担心。

- 因为人们希望快速浏览大段文字,不管是通过阅读,还是通过聆听,所以大篇幅的文字不妨用小标题进行分段、将段落不断精简或采用其他内容设计最佳实践,这样做很重要。

"描述业务"好过"描述位置"

"描述业务"是指按照业务流程的先后顺序依次描述界面上的元素,"描述位置"是指用方位信息描述界面上的元素。提倡描述业务而不是描述位置的原因有很多(比如在不同设备或不同浏览器上,同一个按钮也许会出现在不同的位置[①]),但最有力的理由是,这样做能为使用屏幕朗读器的用户提供便利。在设计文字提示(Tooltip)的文本或引导流程的文本时,也许需要写类似这样的提示信息:"点击下方的 OK 按钮以继续"或"查看上方的教程了解如何保存文档"。

屏幕朗读器只能逐字朗读上述提示信息,无法帮助有视觉障碍的用户理解文字与按钮间的位置关系。大部分时候,视障人士可以容忍这些不太好的体验,但他们本该有更好的体验。写文案时,多顾及一下屏幕朗读器使用者的感受。拥抱人类的普遍经验,比如许多人习惯从上到下浏览内容,认为顶部代表开始,底部代表结束。图 5.5 是没有按照业务顺序来描述信息的反面例子。

---

① 描述业务的文字可以不经修改直接用在所有地方,描述位置的文案做不到这一点。

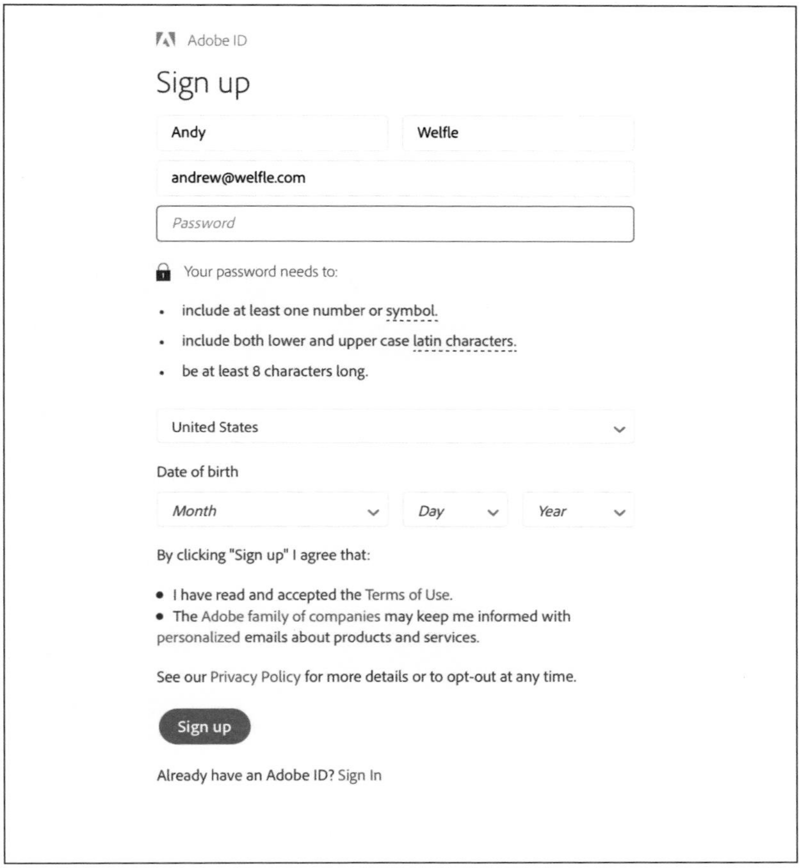

图 5.5
密码设置框下方有密码提示，使用屏幕朗读器的用户无法在设置密码前听到密码提示，这个提示本来可以进一步帮助到用户

与其像下面这样：

- 点击下方的 OK 按钮以继续

- （让页面滚动到顶部的按钮）：回到顶部

不如像下面这样：

- 接下来，选择 OK 按钮以继续。

- 回到初始位置。

从上到下，从左到右的写作原则

尽管应避免在文案中描述界面元素的位置信息，但这不代表界面元素的位置顺序不重要。

您有没有试过买了一项产品或服务后才发现一些本该在买之前就知道的事情？也许是买了一个设备，却发现使用这个设备需要另外买电池。也许是注册了一个社交网站的账户，才发现注册即代表同意将自己的数据提供给第三方广告主使用。

使用屏幕朗读器的用户经常遇到这样的事情。

大部分屏幕朗读器会从上到下，从左到右地朗读信息。[①] 为了确定文案在界面上的显示次序，可以考虑几点。在用户执行操作前或进行决策前，有没有什么信息是用户必须知道但却被放在操作控件或决策点的后面（右方或下方）显示，就像图 5.5 这样？如果有，建议将这些信息的显示次序提前。

把关键信息放在操作按钮前或放在文本框前，比如设置密码时需要遵循的规则，继续操作前必须同意的服务条款等。不管是隐藏在工具提示里的信息，还是隐藏在信息按钮里的信息，只要是用户决策时需要知悉的信息，就应该在用户做决策之前显示。

不要只使用颜色和图标

一个视力正常的美国用户在使用产品时，也许会认为红色的信息代表警告或认为某个地方发生了错误。他们也可能认为绿色的信息代表操作成功。但是，美国用户这样理解这些颜色，并不代表其他国家的用户也会这样理解这些颜色。

---

① 如果身边有开发的同事，可以问问他们，如果用键盘依次高亮界面上的内容，焦点移动的次序应该是怎样的。有时候，即便元素在界面的顶部，但因为在界面的最右侧，其仍然有可能是整个界面里最后一个被高亮的元素。

举几个例子，红色，尽管在美国文化里一般代表令人兴奋或代表有危险，但在其他国家的文化里，却有着不一样的含义。

- 在中国，红色代表幸运。

- 在印度，红色代表纯洁。

黄色，在美国通常代表着"警示"（从红绿灯引申而来），在其他文化里，也有着不一样的含义。

- 在拉丁美洲，黄色和死亡联系在一起。

- 在东方和亚洲文化里，黄色是皇室的颜色，代表着尊贵和皇权。

对色盲患者或视力不太好甚至失明的人来说，颜色意味着什么？对使用屏幕阅读器的用户来说，颜色又意味着什么？界面上的颜色对他们来说毫无意义。确保用文字传达完整的的意图，不要只用颜色和图标，即使是屏幕朗读器的使用者，也能准确地理解界面上的内容，如图 5.6 所示。

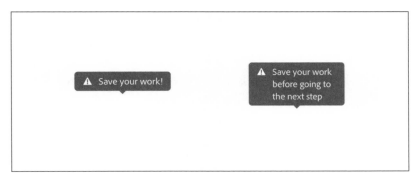

图 5.6
左边这条应用内通知，除了用文字提示用户保存工作，还用了红色背景和警示图标，这也许能在视觉上有效告知用户，这是一条很重要的信息。但是，不能因为背景颜色和图标能够传达一些信息就在文案里省略这部分重要信息。比如，右侧的通知就明确告知用户，如果不保存工作，用户将无法进行下一步操作

手柄的图标

设计图标时也要考虑包容性。PlayStation 经典款手柄的图标充分
说明这一点（图 5.7）。熟悉 PlayStation 的玩家都知道这些图标的
含义，但 PlayStation 的新玩家也许会觉得这些图标的设计让人难
以理解。在 2010 年《1UP》杂志的一次采访中，PlayStation 的硬
件设计师后藤祯佑（Teiyu Goto）解释了他为什么选择了这些颜色
的图标。

> 每个图标都有特别的含义，都有不同的颜色。绿色的三角形代表
> 视角，就像玩家的头部或玩家面朝的方向。粉色的正方形就像一
> 张纸，代表着菜单或文档。蓝色的"O"和红色的"X"用于决策，
> 分别代表"是"和"否"。人们认为我是随便选的这些颜色，我
> 需要一而再，再而三地强调，这些颜色是我精心挑选的，好让公
> 司管理层放心。

"X"这个形状在日本叫"batsu"，意思是"否、错的、返回"等。
而"O"这个形状在日本叫"maru"，意思是"是、继续"等。

索尼的游戏主机在进入西方市场时，负责西方市场本地化的团队
对调了"O"和"X"的操作。也许"X"代表"否"是可以理解
的（比如许多人用"X"来"划掉"内容），但"O"的含义就没
有"X"那么清晰。也许索尼的团队认为"X"是锁定目标的意思。
The Verge 在 2019 年写的一篇文章分析了索尼的团队这样做的原
因，也许是有句老话说的"X 标记的地方就是目标"。*

---

* https://www.theverge.com/2019/3/9/18255901/ps4-x-o-cross-circle-remap-
firmware-6-50-dualshock-4

手柄的图标（续）

图 5.7

PlayStation 手柄右侧这 4 个按钮的图标设计，自 1994 年第一代 PlayStation 问世以来就没有变过。在发现西方市场对这些图标的含义存在争议后，才进行了改良

不久，PlayStation 在西方市场的份额迅速上升，美国和欧洲越来越多的开发者开始为 PlayStation 开发游戏。日本市场也逐渐引入这些西方游戏，但这些西方游戏保留了西方的 X 代表是和 O 代表否的操作习惯，造成了日本玩家的困惑。

终于在 2019 年 3 月，PlayStation 4 发布了固件更新，让玩家可以自由变更按钮配置。这正好说明 PlayStation 这组只有图标的按钮无法提供足够的上下文信息，无法清晰说明图标和功能之间的对应关系，随着 PlayStation 平台不断拓展全球市场，这些图标也许还会造成更多玩家的困惑。

设计图标时考虑包容性，会从根本上影响组织界面的方式，包括与设计师和产品负责人等成员的通力协作。

描述操作本身，而不是具体行为

触摸式的交互界面经过多年发展，渐渐取代键盘/鼠标式的交互界面，所以用户不再是"点击"链接或是"点击"按钮。而且严格来说，用户也不一定是用手指"点触"按钮，比如使用语音助手或辅助仪器进行交互时，也许就用不到手指。

与其用具体行为的文字来描述操作，比如：

- 点击

- 点触

- 轻按

- 查看

不如用与设备无关、与交互界面无关的的文字来描述操作，比如：

- 选择

- 选取

- 浏览

在有些情况下，上述规则就不那么适用。如果某些交互只能通过特定行为触发（比如"合拢双指以缩小"），描述具体行为当然更加简单明了。但在设计用户界面的文字内容时，大部分情况下，描述操作本身会让文字内容更简单，更一致。

找到适合自己的

确定要在包容性设计上花多少心思和投入多少精力，并不是件容易的事，但总而言之，每个产品都能因为加入无障碍设计、考虑包容性因素和深刻理解了用户而变得更好。

如果是在政府及公共服务行业工作，也许您和团队已经从工作的要求中了解到包容性设计的必要性。但即便没有在公共服务行业工作，也可以考虑参加无障碍与包容性设计相关的培训。如果认为这一章的观点切实有用，一定会在许多项目中发现自己是对的。

在产品中融入无障碍与包容性体验不是可选项，而是工作中必不可少的环节，它们能让科技更有温度，更加友好。

第 6 章

声音

个性化的探索与发展

找准产品的声音...99

品牌声音与产品声音..100

声音属性..102

是这样，但又不是那样..105

声音原则的陈述声明..106

落实声音原则的技巧..107

产品体验的声音原则..108

Bitmoji 应用的更新消息..110

声音不断进化...112

声音的延伸，规模化声音设计..114

声音何时应退居二线..117

找到适合自己的...119

> 旧金山一个雾蒙蒙的早晨，街道上每隔几秒钟，就能有汽车喇叭
> 声刺穿这凉飕飕的灰色薄雾，您甚至分不清这是白天还是晚上。
> 四楼的办公室里，私家侦探刚坐着吃完早餐，一如既往还有香烟
> 与咖啡。这时，电话响了，私家侦探将翘在桌子上的鞋尖儿移开，
> 俯身向前，接起了电话："古德猫宁，我亲爱的朋友！"

我敢说，您一定注意到了，最后这句话相当不合时宜。您可能期望
他是个达希尔·哈米特（Dashiell Hammett）[1] 那样的人物，有点儿固
执，愤世嫉俗，但拥有一颗金子般的心。但与此相反，您看到的却
是隔壁老王一样的普通人，他好像永远乐观，却没什么品位。除非
这个侦探小说的主人公是《辛普森一家》中的内德·佛兰德斯（Ned
Flanders），故事讲的是他在旧金山新入职为刑警。要不然，我只能说，
作者在小说这里的描写，并没有用与情节相匹配的"声音"，所以
很容易让人"出戏"。

但是，您是有选择的！要知道，产品的声音可以帮助品牌与用户建
立连接。声音有很多作用，比如有助于设定用户对产品的期望以及
在产品交互中提升活跃度，而且，一致的声音有助于让人将品牌与
产品直接联系起来。

声音也是十分有用的，能让写作团队齐心协力，打造出始终如一的
高质量内容。有效的声音策略，能让公司、产品或人所创造的各种
抽象事物有具体的形象，也能帮写作者做出写作风格和语法使用等
具体决策。

找准产品的声音

探索和制定一整套声音策略，是一项需要持续努力和不断跟进的工
作。多场景协同办公和沟通平台 Slack 的品牌传播负责人，安娜·皮
卡德（Anna Pickard）在这方面就做得很好。

---

[1] 编注：20 世纪初期一位著名的侦探小说家，他的作品对好莱坞黑色电影
有深刻的影响。
[2] 编注：辛普森一家的邻居，保守主义者，是个老好人，身上似乎具备人
类的一切美德。

> "我负责管理公司的写作团队，或者换句话说，我们每个人都是
> 写手，公司里的每一个人都很擅长遣词造句。我们的创始人是个
> 哲学系博士候选人，员工里也有英国学生什么的。"

她的工作其实很少涉及具体的文案写作，更多时候是记录问题和提
出建议。

安娜（Anna）开始尝试提炼 Slack 的品牌声音。为此，她审阅了所
有的"有声"文字，因为有战略意义的写作风格会出现在各种重要
的"发声"场景中。然后，她意识到，它们遍布于公司的各个角落。

"Slack 最早的声音策略出现在 Slack 机器人的欢迎语脚本中，例如
「欢迎来到 Slack」以及「我是 Slack 机器人，我可能不够聪明，但
我会竭尽所能为您服务」。"参见图 6.1。

Hi, Slackbot

 This is the very beginning of your message history with Slackbot. Slackbot is pretty dumb, but tries to be helpful.

 Tip: Use this message area as your personal scratchpad: anything you type here is private just to you, but shows up in your personal search results. Great for notes, addresses, links or anything you want to keep track of.

For more tips, along with news and announcements, follow our Twitter account @slackhq and check out the #changelog.

图 6.1
2013 年，Slack 首批语音系列产品之一：Slack 机器人

它具有多功能的自动化服务，包括入门指南、任务提醒和账户管理
指南等。

安娜（Anna）意识到，"声音"显然不只是单一产品所塑造出来的
某个形象。它涉及文字风格、字词选择、语言结构以及文字表达者
的视角。Slack 机器人是公司最前沿的产品，它所传达的"声音"贯
穿于整个品牌中。我们来看下 Slack 机器人 2019 年的欢迎语，参见
图 6.2。

图 6.2
Slack 机器人在 2019 年 4 月的欢迎界面

在本章中，我们将深入探讨"声音"的概念，它有哪些战略意义？如何记录它们？如何在数字化体验中实施？

品牌声音与产品声音

品牌声音和产品声音是两个很容易混淆的概念。正确的说法是，它们可以相同，也可以非常不同。有些公司使用的是产品声音，但有些公司使用的则是品牌声音。换句话说，"声音"可能由产品主导，也可能由品牌驱动。本节，我们将深入探讨它们之间的差异。

品牌声音，是通过语言传达的，它是品牌对外一致且以目标为导向的一种表达。它可以吸引消费者的注意力或刺激她/他们的购买行为。如果品牌是一个人，那么品牌声音就是这个人的说话方式与写作风格。本质上，品牌声音是品牌个性的表达，它体现在公司生产的所有内容中，包括宣传彩页、客服电话单、名片、网站、官方媒体账号、应用等所有渠道。而且，通常情况下，为了让员工的言行更加契合品牌声音，企业也会对员工进行"品牌声音"的相关培训。

相比之下，产品声音就更有战术意义，更偏重于实际操作与运用。尽管也会遵循并传递品牌声音，但产品声音在使用时，可能会有更具体的目标和更严格的限制条件。产品声音，是通过品牌声音去定义其应用、网站或数字产品的。

但也有一些时候，品牌声音和产品声音是同一回事。对专注于打磨一款应用的小公司来说（例如安娜入职时的 Slack），产品声音和品牌声音密不可分，并没有真正的区别。而规模较大的公司，可能有多条产品线，且每条产品线都有各自的受众或产品占公司主营业务的比重较小，品牌声音和产品声音就会明显不同，并且有明确的边界。

以 Adobe 为例，作为一家大型、成熟的科技公司，Adobe 致力于打造各种数字产品，为创作者、办公室工作人员和营销人员等提供服务。换句话说，Adobe 的用户范围广泛，而且这些人的工作经验和想要达成的目标等，都截然不同。Adobe 的品牌声音是如何与所有这些人产生联系并且仍然让人们觉得这是一个具有凝聚力的品牌的呢？

Adobe 的品牌策略团队遵循一套核心原则来实现一致的品牌声音。Adobe 希望自己的品牌带给用户以下感觉：

- 令人着迷的

- 振奋人心的

- 新鲜的

- 积极主动的

- 平易近人的

- 富有表现力的

这套原则能让写作团队每个人都有足够的空间发挥各自的才华，但如果只是写一两条文字信息，也许谈不上什么写作空间，也就不必过分纠结于品牌声音是否"令人着迷"或"振奋人心"。在这种时候，写作团队通常有下面三个主要目标：

- 清楚用户正在进行的操作

- 确保用户理解交互过程中出现的概念

- 在必要的解释和整体的简洁性之间做好平衡，不要让用户认知负荷太大

当然，品牌声音也需要实现这些目标。但归根结底，品牌声音是为品牌服务的，而不是为了某个具体产品的使用体验。制定声音策略的好处在于，我们可以用同样的方法制定品牌声音和产品声音。

小步探索产品声音

如果您在一家大公司工作，提案获准执行的过程相对比较困难，那就为团队创建一个轻量级的、非正式的产品声音准则，这样做可能会大有益处。无需召集首席执行官或者所有的营销利益相关人，只需要与内部团队一起，找到真正有用的声音。

只要这个声音符合整体的品牌声音设定或这个产品声音的确立本身就受到品牌声音的启发，那么，即便没有经过诸多会议的确认，即便没有经过重重审批的认可，写作者也能获得资源，创作出一致性的作品。

我之前和好几个团队尝试使用过这个方法，我们一般用一个共享文档或维基页面，在团队内同步产品声音准则并附上相关的案例。■

声音属性

在为写作团队制定一套声音策略写作指导之前，需要先弄明白理想中的声音是什么样的？是像苹果公司一样简单而强大（参见图6.3）？还是像第一资本（Capital One）一样清新明快、引人入胜？或者是像我们奥多比（Adobe）一样兼具艺术之美与科技之器？其实，这些问题都是品牌规划应该考虑到的问题，如果找不到现成的品牌策略，可以着手开始规划，这对声音策略的制定会很有帮助，但其实，先

自行建立一套声音原则，让自己能够清楚解释自己的工作，也有助于声音策略的制定。

图 6.3
Apple Music 的欢迎界面，苹果想要传达的声音简单而强大

再举个例子，爱彼迎（Airbnb）优秀的内容策略团队也在其声音原则上投入了大量时间。在本书写作过程中时，爱彼迎就公开过自己的品牌声音：

- 简单直率

- 兼容并包

- 思虑周到

- 活力四射

回想上次使用爱彼迎（Airbnb）的体验（如果有的话），也许您已经注意到，上述声音原则贯穿于整个界面的文字传达当中。

声音：个性化的探索与发展　　103

科学设计，保障安全

爱彼迎设计之初就时刻谨记要保证线上和线下的安全

风险评分

每一笔爱彼迎预订在确认之前都会通过风险评分。我们利用预测分析和机器学习即时评估数百个指标，帮助我们在可疑活动发生之前将其标记出来并加以调查。

监控名单和背景核查

虽然没有一个筛查系统能做到十全十美，但我们会在全球范围内对照监管机构监控名单、恐怖主义组织名单和制裁名单对房东/体验达人和房客/体验参与者进行筛查。此外，我们还会对美国的房东/体验达人和房客/体验参与者进行背景核查。

准备充分

我们与房东及当地龙头专家一起举办安全研讨会，鼓励房东为客人提供重要的当地信息。我们还为有需要的房东及其房源提供免费的烟雾和一氧化碳报警器。

安全付款

我们的安全平台可以确保将您的钱款转交房东，这就是我们要求您始终通过爱彼迎支付、不要直接汇钱或付款给他人的原因。

账号保护

我们采取多项措施来保护您的爱彼迎账号，例如，更换手机或电脑登录时，我们会进行多重身份认证，并在账号资料发生更改时向您发送账号提醒。

预防诈骗

请始终通过爱彼迎网站或应用直接支付和沟通。从沟通到预订和付款，只要全程通过爱彼迎进行交流，您就将受到我们多层防御策略的保护。

图 6.4

爱彼迎的信任与安全页面，充分体现了其声音原则：简单直率、兼容并包、思虑周到及精力充沛

这几条原则看起来简单明了，但其实，每个形容词都可谓来之不易。经过无数次艰难的讨论、测试、斟酌甚至各种游说，才最终得以批准使用。不过，爱彼迎并未分享这套原则的使用文档，也没有关于实操的案例展示，但我建议，您下次使用爱彼迎时，可以从设计师的角度来观察界面的布局，您也许会发现爱彼迎是如何使用这套原则的。

其实，记录和传达声音原则的有效方法还有很多，这里只介绍其中的几种。

是这样，但又不是那样

妮可·芬顿（Nicole Fenton）和凯特·基弗·李（Kate Kiefer-Lee），在《妙语连珠》一书中，谈到了一种找到品牌声音的方法"是这样，但又不是那样"。

> 首先，列举一些词语来描述一个品牌，然后，以"是这样的，但又不是那样"作为开头，然后试着解释每一个词语。这些代表转折的"但"后面跟着的词语，能帮助写作者进一步理解品牌特点。

知名数字营销公司 Mailchimp 用过她们这个方法。Mailchimp 有两个明显的特点：个性鲜明以及一只名为 Freddie 的猴子吉祥物。如下是尼克（Nicole）和凯特（Kate）使用这一方法的过程：

- Mailchimp 是⋯⋯

- 有趣但不幼稚

- 聪明但不耍小聪明

- 自信但不自大

- 机智但不拘泥

- 酷帅但不冷漠

- 随意但不马虎

- 有用但不越界

- 专业但不专横

- 奇怪但不违和

用这样的方式来精确定位声音属性，很有趣。前面的第一个单词是确定基调，后面的词并不是前面词语的反义词，而是第一个词在某种极端情况下的含义，这样能进一步更明确这个基调的使用界限。

声音原则的陈述声明

2018 年末，Mailchimp 对外宣布进行品牌重塑。常规操作是更新品牌标识和升级为更"成熟"的品牌排版系统。但除此之外，Mailchimp 也迭代了品牌声音原则。

Mailchimp 这次采用简单的陈述声明，再辅之以简短说明，来体现体验上的细微差别。这一原则就像是"北极星"[①]一般成为团队前进的目标指导。当您开始关注"如何在写作中使用声音"，就说明是时候和团队重点讨论声音了。

截至本书完稿，Mailchimp 的原则是下面这样的。[②]

行文的时候：

1. 我们直言不讳。我们十分了解客户及其所处的商业世界：夸大其词、过度营销和过度承诺。我们抵制这样的行为，我们选择直截了当而清晰明确的表达方式。人们选择 Mailchimp，是为了更好地开展工作，我们杜绝无聊的隐喻和廉价的情感兜售。

2. 我们实心实意。我们不会忽视小公司的订单，因为不久之前，我们也是一家小公司。所以，我们能体会这些客户所要面临的挑战，我们能理解她 / 他们的热血，我们能用她 / 他们熟悉的、温暖的且易于理解的方式与她 / 他们交流。

3. 我们只译不改。只有行业专家才能简化复杂问题。而我们的工作，就是揭开 B2B 业务交流的神秘面纱并提供实践教学指导。

4. 我们是冷面笑匠。我们不依赖于夸张的表情，我们的幽默很微妙，而且有一点古怪。我们古怪但不违和，精明但不势利。比起大呼小叫，我们更喜欢眨眼示意。我们从不妥协，也不孤芳自赏，我们与客户共享欢乐。

可以看出，Mailchimp 的声音原则是如何从"这样但不是那样"的格式，演变成现在陈述声明的格式。Mailchimp 把原先的"精明但不势利"和"古怪但不违和"原则，融入新版声音原则的陈述声明，作为幽默陈述的补充说明。

---

① 编注：北极星指标（North Star Metric），也叫第一关键指标，是指在当前阶段与业务及战略相关的绝对核心指标。一旦确定，就如同北极星一般，指引着前进的方向。

② https://styleguide.mailchimp.com/voice-and-tone/

这些原则之所以出色，是因为它们确实弥补了业务目标和品牌创造力之间经常存在的鸿沟。Mailchimp 用令人愉悦的设计、幽默风趣的文案和简单易用的交互，营造出真正有趣且令人愉悦的体验，并因此而建立了品牌声誉。但是（只是猜测），也许有些大型企业认为 Mailchimp 不够专业，转而选择更加严肃的品牌。Mailchimp 的声音文档明确告诉 Mailchimp 的写作团队（以及和我们一样喜欢阅读产品声音原则的怪人），应该怎样把握幽默的尺度：可以略微幽默，但不能以牺牲清晰度、真实性和指导意义为代价。您或许已经注意到，Mailchimp 在这四条原则里都提到了客户，这也直接表明了她 / 他们在写作时，总是提醒自己以客户为先。

落实声音原则的技巧

对于已经确立的原则，我们可以进一步确定写作风格、写作指南并与写作者达成共识。假设产品的声音原则是"人性化"或"能说会道但不行话滔滔"。我们的风格可能是，希望产品有人性化的感觉，但又不会过于人性化以至于失去文化的多元性。人们平常是怎么交谈的，就怎样营造交谈的感觉。可以从以下写作指南开始入手。

- 改变句子的长度和结构，以提高可读性并符合口头表达习惯。

- 使用简写或缩写，如写 / 撰写、听 / 聆听等。

- 文字工作完成后，一定要大声读出来，以确保听起来自然且不生硬。

如果您在负责写或管理一套庞大的声音规范，就能从文案测试效果较好的结果中发现一些规律（有关语调的更多信息，详见下一章的介绍）。留意那些让人感觉像是冒牌货的语言或不符合企业自身品牌调性的语言。和写作团队一起讨论以下问题，如果写作团队只有您一个人，也可以叫上产品负责人和设计师一起讨论。

- 您觉得这些声音"假"吗？

- 怎么调整更合适？

记得把讨论记入声音规范，优秀的声音规范总是在不断进化的。

关注重要的东西

网上有很多优秀的声音规范和相关案例，都可以找来参考。
但是，"纸上得来终觉浅"，更重要的是，您需要知道如
何在工作中落实这些声音原则。

回顾我工作过的公司，并没有哪一家公司的声音规范是非
常完善并向外公开的。但一直以来，声音规范都是我写作
和设计工作中不可或缺的一环。声音在我的日常交流中起
到以下作用。

- 影响产品的愿景和规划。

- 作为设计交付物中的解释说明。

- 作为设计评审时的决策依据。

重要的不是规范是好是坏，而是能否完成工作中的任务和目标。一个无法服务于
最终产品的规范，是没有价值的。■

产品体验的声音原则

在大部分应用于数字化体验的声音原则里，有三条原则贯彻始终。
在声音原则中体现品牌的精髓固然重要，但要确保品牌主张能够为
用户体验写作的三大原则效力。这三条原则是我们在观察整个行业
后结合自身经验总结出来的，排序先后代表重要程度，它们是清晰、
简洁和人性化。

请您思考一下，在制定声音原则时，如何将这些属性融入产品愿景？

清晰

这一部分的内容在第 3 章中有过详细的阐述。但对于用户而言，没有
什么比一个不清不楚的交互界面更令人火大的。要确保任何概念、想
法和操作等，都清晰易懂。决不能以牺牲清晰度为代价来传达品牌
声音。

简洁

您并没有太多的时间和空间来跟用户讨论自己的产品。在保证清晰的前提下，文字要尽可能简单明了。在《风格的要素》这本不可或缺的写作指南中，作者斯特伦克（Strunk）和怀特（White）提倡要省略无用的文字。我们取其精华，与其关注文字的长度，不如把精力放在提炼和简化展现给用户的概念、术语和操作等想法上。也许更好的规则是省略无用的信息。

人性化

在保证清晰和简洁的基础上，让文字自然，有对话感，能共情，可以减少用户在使用产品或阅读文章时的障碍。但这不包括使用俚语或惯用语。别忘了，包容性写作才是目的，用俚语会把不理解这些俚语的潜在用户排除在外。

皮卡德（Pickard）认为，清晰、简洁和人性化这三条原则，刚好与Slack 的企业宗旨一脉相承，"让工作生活更简单，更愉快，更高效。"

她说："有趣的是，我们原本只是想强调 Slack 所要表达的声音，我们尝试过许多方法，包括把声音融入企业宗旨（图 6.5），清晰，让工作更加简单；简洁，让工作更高效；人性化，让工作更愉悦。万万没想到，通过这种方式总结出来的原则，竟然有那么广泛的适用性。"

Make work life simpler, more pleasant and more productive.

Slack is the collaboration hub that brings the right people, information, and tools together to get work done. From Fortune 100 companies to corner markets, millions of people around the world use Slack to connect their teams, unify their systems, and drive their business forward.

图 6.5

Slack 的企业宗旨。皮卡德（Pickard）制定的品牌声音策略与其企业宗旨的三大要点互相呼应，使 Slack 的声音、策略以及价值观等可以无缝连接

让我们看看其他应用是怎么运用这套原则来提升数字化体验的。

Bitmoji 应用的更新消息

Bitmoji[①] 是一款允许用户自定义虚拟形象的社交应用，用户可以把创造好的卡通形象通过短信或社交媒体分享出去。如果想要提醒用户更新应用，Bitmoji 会以连环画的形式，在用户的键盘上显示更新提示，如图 6.6 所示。

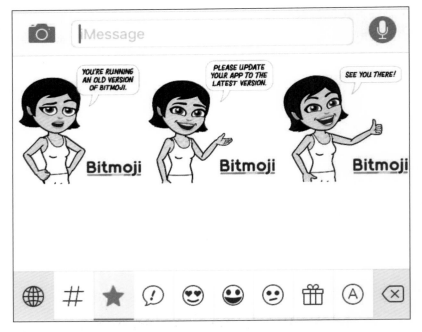

图 6.6
Bitmoji，一款允许用户分享自定义卡通形象的应用，其借助用户自定义的形象来提醒用户更新应用

为什么说这条更新提示符合我们的三条原则呢？

- 清晰：这条提示非常直白，而且符合第 3 章提到的错误提示写作原

---

① 编注：Bitmoji 高居 2017 年度最火 iOS 应用榜单榜首，是 Bitstrips 开发的表情包制作工具。Bitstrips 创办于 2012 年，网站上线后，在 FaceBook 上获得了一批数量可观的种子用户。2014 年，筹集了 800 万美金来开发 APP。2016 年，以 1 亿美元的价格被 Snapchat 收购。

则，即向用户阐明当前存在的问题并提供相应的解决方案。

- 简洁：Bitmoji 把更新提示拆分成简单的几句话，而且没有使用多余的文字，没有提供不必要的上下文信息。

- 人性化：提示里的每一句话，都像是在跟用户对话，让用户感到亲切友好。最后一句的意思 " 回头见啊！" 看似有点多余，但因为没有增加额外的认知负担，反而让整个对话显得很完整和亲切。但最加分的，是提示里的插画，还有什么能比用户自己创建的形象来提示这则信息更人性化呢？

Facebook 的发帖提示

Facebook 的发帖提示也符合清晰、简洁和人性化原则（图 6.7）。多年来，Facebook 尝试过各种各样的提示语，比如"您最喜欢的颜色是什么？""您早餐吃了什么？"结果用户发的帖子就只有一个答案，没有上下文，比如"紫色""华夫饼"，到头来，Facebook 还是用回了最经典的提示语，"What's on your mind（想什么呢）？"

图 6.7

Facebook 动态消息页顶部常驻的发帖提示框。在过去十年间，该提示框的功能和样式经历过数次改进，但框内的提示语一直没怎么变过

这句提示语，又是如何符合我们这三大原则的呢？

清晰：只有 5 个字就说明了这个框的作用，这 5 个字里甚至还包括用户的名字，一目了然。

简洁：没有多余的信息，比如"只要输入您的想法，我们将会分享给您的朋友"等，都是画蛇添足。

人性化：英语版的文案使用了一个缩写 what's，并且直呼用户的名字，建立了一种亲切感，虽然英语版的文案"What's on your mind"（想什么呢）是一句惯用语，无法按字面意思翻译，但因为这句话太常见且经受住了时间的考验，所以大多数英语用户都能理解这句话。

声音不断进化

如果您有一个有趣、奇特又现代的品牌，并且您正在设计一款既有趣、奇特又现代的产品，那么品牌声音和产品声音理应保持一致。但是，随着业务的增长和用户基数的增长，您会开始注意到严重依赖这种声音的后果，轻则可能失去影响力，再重一点就是让人们觉得困惑。

成立于 2012 年的共享出行公司 Lyft（来福），Uber（优步）的竞争公司。相比之下，Uber 的业务属性更强，也扩张也更快，但 Lyft 则相对更加友好、个性。在一个同时存在 Lyft 和 Uber 的城市里，两款产品都在用的用户也许并不罕见。尽管两者的功能非常相似，但在早期，Lyft 的界面使用了亮眼的粉色元素以及有趣的插画，当乘客的司机到达上车地点后（当然了，乘客会先注意到汽车通气栅上毛茸茸的粉色胡须装饰），Lyft 会鼓励乘客坐在前排并与司机碰一下拳头打招呼。

如果 2014 年就用过 Lyft，您可能会收到图 6.8 所示的邮件。

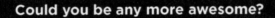

Could you be any more awesome?

Your driver rated you:
★ ★ ★ ★ ★

—Gwen
Your driver on August 18, 2014

Way to rock your first ride. Your driver, Gwen, gave you a perfect 5-star rating.
Go you!

图 6.8
2014 年的时候，Lyft 给乘客发送的祝贺邮件，恭喜乘客收到司机的完美五星好评

对于 Lyft 来说，这似乎是完美契合了品牌。振奋人心，值得庆祝和口语化。驾驶着装饰有大胡子的车，司机可能会祝贺您成为一名好乘客。该标题几乎翻版了上世纪 90 年代美国情景喜剧《老友记》中马修·派瑞（Matthew Perry）的角色钱德勒（Chandler Bing），熟悉这部剧的剧迷，在读这句话时，也许会故意把"酷"字的音拉长"您还能再酷……一点吗？"

但是，随着 Lyft 的发展，用户群体越来越多元化，这句话就很难再引起共鸣。比如我们有位中国同事，英语很流利，但不太了解这句话的内涵，就觉得这句话很奇怪："我都已经获得 5 星好评了，怎么 Lyft 还在问我能不能再酷一点？"

这个时候明显违背了 Lyft 设计这封祝福邮件的本意。随着公司的持续发展（没错，在写本书的过程中，Lyft 的发展势头依旧蒸蒸日上！），为了跟上公司的发展需求，Lyft 也在不断地测试、迭代和优化其语言。

尽管我们没有拿 Lyft 近期的邮件来对比举例，但图 6.9 的这封 2018 年年度总结邮件，就说明 Lyft 做到了喜庆但不落俗套。任何文化背景的人，无需过多解释，就能理解"音乐响起，撒花庆祝"这句话的含义。

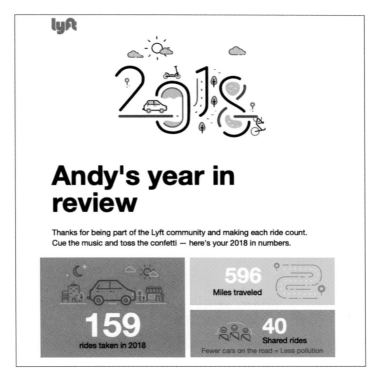

图 6.9
Lyft 于 2019 年 1 月发出的年度总结邮件，传达出了喜庆、欢快和健谈的感觉，但没有沿用那些需要了解美国文化才能理解的习语

声音的延伸，规模化声音设计

在理想情况下，用户不断增长，写作团队也应随之扩张。但事实并非总是如此，也许您所在的团队并不重视（或还未意识到）写作策略和统一语言的价值。

如果您是团队的领导，能够协调资源并扩张团队，那恭喜您！我们有一些规模化声音设计的经验供您参考。

文档很重要，但也不要为了写文档而写文档。确保记录所有关键的信息。

皮卡德（Pickard）建议：

> 列一个"几要和几不要"清单，比如在运营官方 Twitter 时，我们要求："不要说术语，不要用 lol 来代替放声大笑（Laugh out loud），不要'挪用文化'，尽可能优雅地表达。要博学多闻，但不要炫耀自己的博学，比如使用晦涩难懂的术语等。除非内容非常精彩有趣，否则必须严格遵守每一条规则。"

如果规则太少，写作者将难以统一声音的设计方向。但如果规则太多，则容易造成决策瘫痪，同样不利于声音的设计。

听取工作反馈

如果有一些写作交流圈或者加入由不同背景的人组成的社群，可以向这些圈子里的人展示自己的成果，我们甚至觉得，应该多听听不同岗位甚至没有设计过产品的人所发表的意见。

大声读出来

这也许听起来有点傻，但大声朗读的确是让您更了解自己写作成果的最好方法之一。就像音乐家通过回听自己创作的音乐才能发现不和谐的音符或错拍漏拍，写作也可以通过这样的方式，让我们审视文字的起承转合以及是否符合品牌或产品的调性。

实战指导

制定声音原则

假设您的团队在为一家美国大型银行 ABC 银行打造一款点对点支付应用。这家银行的声音触点无处不在，从黄页广告到自动柜员机上的感谢等。甚至，连柜台的员工也要经过 ABC 的品牌声音培训。

ABC 银行的声音原则赋予品牌以下属性：

- 友好

- 博学

- 可靠

这个项目有趣但复杂的地方在于：这款应用在 ABC 银行的产品矩阵里，是一个特殊的存在。它不像一般的银行应用，提供基本服务，比如查询账户余额、贷款信息和分行地址等，这款应用提供的是社交服务，比如帮助客户之间互相转账、催收欠款或就是单纯的聊天。

这个时候，请思考以下问题。

- 用户是更期望在这款产品里感受到熟悉的品牌声音，还是希望突破既有品牌声音，让用户对产品声音的体验更加深刻？

- 这款应用的目标群体，比银行传统意义上的客户更年轻，我们到底应该使用更吸引年轻群体的声音，还是保持原有的品牌主张？

在与高管、产品经理、市场人员等与业务目标息息相关的同事认真讨论上述问题之后，就可以开始制定自己的声音原则了。

领导层要求，这款应用的产品声音要以品牌声音为基础，所以，在制定应用的声音原则时，要先分析品牌声音的正常使用范围及压力情况下的声音属性，从而确定品牌声音的延伸范围。

实战指导（续）

经过大量讨论，得出以下声音原则：

- 友好但不随便。

- 博学但不迂腐。

- 稳定但不无聊。

很好！这些原则能帮助人们理解怎样的声音属性会过于极端进而导致品牌声誉下降和用户流失。接下来，添加补充说明，解释这套原则的含义：

友好但不随便

- 表达出对用户的热情，并鼓励和激发用户尝试产品功能。

- 不要只是为了酷或潮，而使用流行语或网络用语。

博学但不迂腐

- 在涉及支付和资金等有关的敏感环节，做好引导和提醒，以防用户被欺诈。

- 识别出需要进一步解释的地方并进行补充，但不要添加无用的信息。

稳定但不无聊

- 建立信任，客户之所以使用此应用，是因为她／他们的期望是 ABC 银行这家百年老店能够妥善保管好 TA 们的钱财。

- 尽管 ABC 银行在处理资金方面历史悠久，但我们不希望 ABC 银行高高在上，而是能平易近人，给客户带来现代感强及令人愉悦的数字体验。

声音何时应退居二线

如前所述，声音是将产品、体验及界面与品牌联系在一起的利器。它能建立用户对产品背后品牌的期望与认可。通过声音来建立品牌与用户的联系，能够有效帮助那些依靠产品之外服务型企业，比如办公协作和游戏等。声音对这些交互而言，可以是最核心的一环。

但在设计某些界面的时候，不应该过度强调品牌的作用，而应该聚焦于帮助用户渡过难关。有时候，用户是在匆忙的状态下使用英语；有时候，用户压力很大；有的用户有部分身体功能障碍。

以汽车和家庭保险公司 Geico 的应用为例。熟悉 Geico 的人可能知道，Geico 的品牌声望很高。在过去十年左右的时间里，Geico 的吉祥物壁虎 Gecko，以一贯的英伦腔、天真无邪又古怪精灵的形象，一次又一次出现在许多电视广告中，它与 Geico 品牌的关系密不可分。毫无疑问，Geico 的品牌声音十分突出。

在 Geico 的应用中，用户可以支付账单、购买新保单、查询账号和更改邮寄地址等。在整个交互过程中，都可以听到 Gecko 一如既往的熟悉声音。

但是，当用户发生意外或需要道路支援时，应用的交互是如何的呢？打开应用的救援界面（图 6.10），您就能明显感受到声音的转变。应用像是瞬间切换到了应急模式，目标明确，乐于助人，想尽办法为用户提供需要的帮助。为增加友好氛围的语句和感叹号统统去掉，界面做到了尽可能简单。

这部分内容将在第 7 章中详细展开并根据不同情境进行写作结构的调整。

图 6.10
保险应用 Geico 的加载界面有很鲜明的品牌个性，但在紧急情况下，品牌声音会
"退居幕后"

这本书的声音原则

作为作者团队，我们合作过很多次，在多个不同类型的大会举办用户体验写作工作坊。得益于我们"不一样"的声音和个性，我们总是能顺利协作并取得不错的成效。麦克（Michael）深思熟虑和顾全大局，安迪（Andy）更注意细节和过程。

当我们同台授课或演讲时，这种差异让我们的配合更加有趣，但合作写书的情况稍有不同。两个人的声音不太一致，如何协调一致呢？就像我们这本书的一位审阅者所言："这是一本强调声音的书，你们是榜样。"

软件公司有一条形式法则是"吃自己的狗粮"，所以，我们也先"以身试法"，为这本书制定了声音原则：

● 有指导意义但不可生搬硬套

● 口语化但不口水化

● 自信但并非全知全能

- 热情但不过分夸张

- 务实但不墨守成规

- 娱乐但不滑稽

在写这本书时，我们本着对彼此负责的态度，互相编辑对方的内容，甚至会全天视频通话，讨论各种决策。

不知道在各位读者看来，我们这样的合作是否还行？

找到适合自己的

最重要的是，需要确保产品声音不会阻碍用户达成目标。为此，您需要向团队提出以下问题，找到品牌认知度与产品易用性之间的平衡点。

- 速度还是参与度：是让用户尽快完成操作更重要，还是让用户有参与感更重要？

- 心态：用户在使用这个界面时，心里有什么想法？心态如何？

- 品牌时刻还是工具时刻：用户旅程图中的这个触点，是建立品牌意识更重要，还是对用户的实用功能更重要？

请记住，要表达一种"声音"，并不一定需要通过某种独特的写作方式，也不一定需要具备某些鲜明的个性。有时候，表达一种"声音"，仅仅意味着产品能用最纯粹、最简单的方式与用户沟通。

第 7 章

语调

设身处地，感同身受

声音和语调有什么区别？ 123

强大的语调框架 127

低调一些 129

建立语调文件库 130

找到适合自己的 144

很小的时候，您可能就意识到，您与父母沟通的方式不同于跟朋友聊天的方式。再长大一点，您会发现，您跟爷爷奶奶之间的沟通也不同于与自己父母之间的沟通。

随着年龄的增长，沟通这件事会变得更加复杂。一旦您越来越善于与人沟通，您可能就逐渐学会了"见什么人说什么话"，比如在跟我下面列举的这些人说话时，您会采用不同的语调：

- 同龄的朋友

- 比您年龄大 / 小很多的朋友

- 因工作而结缘的朋友

- 不太熟悉的同事

- 公司里的外国同事

- 其他各种可能的语境

对大多数人来讲，这种语境切换或语调变化是自然的。但当我们使用软件时，这种切换并不能自然发生，对软件开发团队也不例外。所以，需要一个根据场合来切换语调的策略。

语言不是静态的或绝对的

当我还是个小孩子的时候，我在用词方面就非常讲究，甚至到了老学究的地步。我很讨厌用俗语或者在我看来是"耍酷"的词语——比如早期 90 后特别爱用的词语。我在青年时代就试图找到一种有序且精确的生活，再加上我在文字中找到过让人欣喜若狂的力量，所以，我更倾向于使用那些偏重于直接描述的文字。

比如，有时我会纠正妹妹："不对，凯利，那并不是「酷」，而是「有趣」。"

（哈？我小时候真的很抠字眼，让人受不了吧？）

随着年龄的增长和自我意识的觉醒，我开始明白，文字的使用要符合语境。于是，我的语调也慢慢变得柔和。我逐渐意识到，和朋友聊天的时候，我不能用很书面的话，而是适当加入"酷炫""帅炸""肿么样"（毕竟是 90 后）之类的表达。不过，当然不能这么跟父母说话，因为他们肯定听不懂我在说什么。■

声音和语调有什么区别

声音和语调经常被混淆，即使是作家也可能搞错。人们经常将这两个声音和语调组合使用，甚至合二为一，有些人还会用"声音的语调"这样的表述。

简而言之，声音是品牌个性，是能让产品和数字交互等区别于其他品牌的东西，我们在上一章的内容中也讲过。语调，则是在特定语境的表述，比如在特定的流程或交互中回应或指导用户的方式。

语调变化的呈现方式也是多种多样的。

- 字词或短句。是选择用简短的字词或短句告知，还是花时间让表述更有趣？或者多解释几句？

- 例如："404 错误：请重试。"或"无法找到您需要访问的页面。"

- 消息的结构：您会强调执行某项操作带来的好处吗？还是简单描述当前屏幕的状况？

- 例如："立即重置密码"与"重置密码以确保账户安全"。

切换频道，而不是调节音量

传统意义上，侧重于营销的组织中，文案和内容策略师倾向于这个观点："语调"相当于音量旋钮，通过左右调节按钮，就能决定在写作中需要加入多少品牌风格或声音。图 7.1 是一些品牌与传播调性指南，将不同类型的内容与语调输入的程度进行了对应。其中既有可视化程度高、影响力大的内容，如标题、滚动字幕和邮件主题等，也有一些很小的应用，如按钮等。

为什么语调如此重要

梅兰妮·波尔科斯基（Melanie Polkosky）博士是设计与研究专家，她对语调也颇有研究。她在语音交互方面有着十分丰富的经验并将其应用于网页及移动端的各种程序中。

梅兰妮（Melanie）在自己多年的职业生涯中，致力于研究交互界面中最容易影响到产品可用性的因素（比如产品或网站访问的便捷性）。因此，她进行了大量研究并使用了一种名为因子分析的技术来寻找答案。

值得一提的是，她的研究特别强调了合适的语调对界面交互的重要性。该项研究共有 862 位参与者和 76 个可用性相关的项目评估。研究发现，客户服务中的行为是最重要的因素之一。这就意味着写作时要考虑语调发挥的重点作用。梅兰妮（Melanie）说：

"客户服务中的行为，不仅关乎系统的友好和礼貌，也与语速和语言的熟悉程度等相关。" *

梅兰妮（Melanie）的这一发现恰恰证明了合适的语调对数字产品的可用性起着关键的作用。

---

* *《语音技术的社会认知心理学：基于语音的电子服务的情感反应》，南方大学博士学位论文，佛罗里达，2005 年*

语调层级

第一级	第二级	第三级	第四级	第五级
标题滚动字幕 邮件主题 主题故事 章节标题	副标题 第一行 Adobe 如何提供帮助？	正文内容分段 客户案例 案例研究收获	主要项目符号 深层次的内容 技术参数 功能能力	CTA
语调引人入胜、人性化、富有感情色彩、有创造性、引发思考	语调更具方向性，通常也包含更多信息	语调是对话式的，技术细节与故事情节兼而有之	语调偏技术性，直截了当、直击重点	语调直接、简短、有冲击力

图 7.1
某大型软件公司营销与传达部门，关于语调层级的结构示例

为什么语调如此重要（续）

"语调非常重要，我认为这也是大多数界面交互失败的原因之一，"她说，"在日常生活中，我们会通过聊天来判断对方是不是个混蛋，也能看得出来对方是不是比自己更强、是不是很友好以及是不是尊重人等。这些社交技能同样也影响着我们使用技术的方法和对其他人的看法，也决定着我们是否愿意参与或继续某些互动。"

基于上述洞察，梅兰妮（Melanie）帮团队确定了语调的优先级并提供了可参考的数据。"如果要跟我争论语调的重要性，那么，我会拿出这项持续了将近 15 年的实证研究来证明，在数百种可能很重要的事情当中，语调排在前四名。"

梅兰妮（Melanie）建议，与团队成员一起做评审时，请务必做一些研究，即便只是简单参考一些学术研究、书籍或与周围人进行非正式测试。"找到我们观点不一样的部分，"她说，"带着观点来，但也请明白，我的观点基于数据。"

对于梅兰妮（Melanie）来说，用户就是动力。"人际沟通是我们作为人类最重要的天赋，不管是通过语言还是文字的方式，"她说，"我认为，这种交流方式值得人类去捍卫，特别是在这个技术力量势不可挡的时代，它的意义更加重大。"

不知您是否还记得，上一章我们提到过 Adobe 品牌声音的要点：

- 令人着迷的

- 振奋人心的

- 新鲜的

- 积极主动的

- 平易近人的

- 富有表现力的

这些原则最终表现为 Adobe 的"最高音量"，强度从这里的"最高"

开始递减的。这对营销与品牌传播而言，意义重大。以单向信息传输为主，就像是一个扩音器，文案的目的是将信息传递给受众，通过电子邮件、网站甚至是一些很古老的媒介，比如广告牌或者印刷小册子等。

但随着数字化的普及升级，时代开始不同。品牌传播不再是以往的定向交流。文案也不总是有用不完的精力去围绕着主题精心打磨信息。交流与传播都不再是线性的，而是要基于上下文语境并且根据以下信息而发生变化。

- 基于用户旅程来判断其所处位置。

- 用户使用界面交互的体验如何？

- 用户想要想达成什么目的？

- 用户的情绪曲线是怎样的？对在别人指导下做事情的接受程度如何？

可以提出一系列问题，就像图 7.2 中 Facebook 内容策略团队的问题列表一样，进一步明确产品需要什么样的差异化语调。

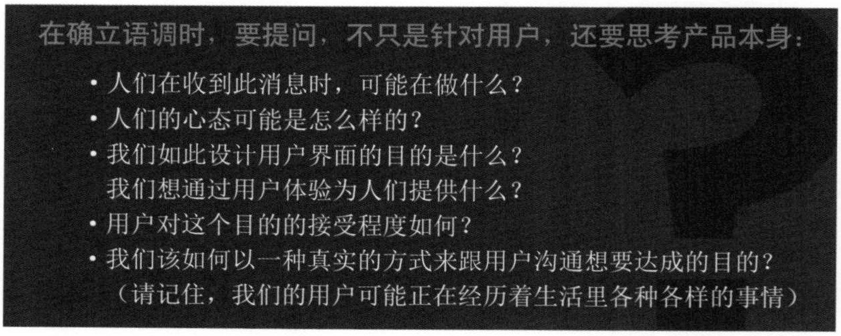

在确立语调时，要提问，不只是针对用户，还要思考产品本身：
- 人们在收到此消息时，可能在做什么？
- 人们的心态可能是怎么样的？
- 我们如此设计用户界面的目的是什么？
  我们想通过用户体验为人们提供什么？
- 用户对这个目的的接受程度如何？
- 我们该如何以一种真实的方式来跟用户沟通想要达成的目的？
  （请记住，我们的用户可能正在经历着生活里各种各样的事情）

图 7.2
Facebook 内容策略团队提供的关于构建语调框架的问题列表

在交流时，特定的语境也需要考虑额外的维度，因此也可能更倾向于把语调作为一个参考的频谱范围并基于此来选择目标语调，如图 7.3 所示。

数字体验中的文字设计更强调对话感，但这并不一定是传统意义上的对话，比如两个或以上参与者以口头形式您一句我一句式的对谈。

当然，随着聊天机器人和语音交互的兴起，这种情况会越来越普遍，也更具有相关性。然而，它的确是对话式的，也就是说，它的流动伴随着信息的输出与接收，并且是有节奏的，同时也基于对用户需求的理解。最好的灵感无外乎现实生活中的真实对话。但有两个因素必须考虑，即您（您的交互界面）和您的用户。

图 7.3
Adobe 的语调频谱

强大的语调框架

新的内容策略师入职 Facebook 后，需要参加培训课程，学习如何在写作时选择正确的语调。在用户体验写作中，领导十分关注的一件事是如何能真切映射现实生活中与人与人之间的互动。

举个例子，假设您在跟好朋友聊天并倾诉您近期的烦恼，您的朋友大概率会稍微靠近您一点，以表示他在认真倾听。您的朋友也有可能用非语言的方式，让您感受到她 / 他们的倾听态度。比如点头示意您继续说下去，或者是在听到不好的事情时有遗憾的表情等，又或者跟您保持一致的肢体语言，模仿您双臂交叉或者歪着头，配合您的情绪表达方式并让整个聊天的氛围很舒适。

其实，这种模仿就是您与朋友互相信任的一种微妙方式，以此确保您能放心向朋友敞开心扉，也对您正在经历的事情表示感同身受。

如果您正在设计的软件与用户之间，没有我们前面说的相似性的联系（本来也不应该有！），但可以通过一些其他方法展示可信度，尤其是在一些有难度或者比较重要的互动时，如输入密码支付等。

艾丽西亚 • 多尔蒂 - 沃尔德（Alicia Dougherty-Wold）是 Facebook 的产品内容策略与设计副总裁，领导着全球最大的产品内容策略小组之一。她服务过 Facebook、Instagram、Messenger、WhatsApp 和 Oculus 等应用和产品。

雅斯曼·普罗布斯特（Jasmine Probst）是内容策略总监，她的工作也涉及 Facebook 其他应用。艾丽西亚（Alicia）和雅斯曼（Jasmine）有一个共同的团队使命，即帮助团队使用一致的语调，让更广泛的产品体验服务于超过 20 亿的用户。

多尔蒂 - 沃尔德（Dougherty-Wold）说："在 Facebook 成立之初，甚至在中期，Facebook 的全部设计理念都是退居幕后的，内容才是主角。"用户有可能在新闻提要中见证各类内容，从新生儿出生，到自然灾害发生始末。

"我们开始考虑语境，让 Facebook 的交流方式更加人性化，"她说，"我们需要以不同的、更接近当事人的情感，去设身处地地「遇见」。"

这里的"遇见"有很多种可能，比如很幸福的情感分享（如生日或周年纪念等），也有负面甚至悲痛的情绪（如您的一个好朋友去世并让您担任遗产联系人），这些事情都关乎人们对 Facebook 的认知与联系。因此，多尔蒂 - 沃尔德（Dougherty-Wold）和她的团队并不会认为这些事不重要。

构建框架时，另一个组织架构考虑是团队也在不断成长。

"起步时，我们只是一个很小的团队。当时，我们保持语调一致的方法是彼此沟通、分享工作成果并发表评论，"多尔蒂 - 沃尔德（Dougherty-Wold）说，"当团队规模在 10~20 人时，这种方法是可行的。但是，当您开始拥有数几个团队成员时，就需要用到一些工具以照顾到广泛且多元的全球受众，以保证他们的持续交流并力求做得很好。"

普罗布斯特（Probst）解释说："这让我们对内容策略师有了更具体的了解，要同时考虑到合作伙伴在做什么和想什么，等等。「语调」通常被误解为只关乎技巧，但其实，"她说，"这是一种基于策略而制定的基调框架，团队能因此而更加一致，也更客观。"

"当人类在互动时，希望调节强度、物理距离并用直觉来传达同理心。"多尔蒂 - 沃尔德（Dougherty-Wold）继续说，"我们不去设想人们的感受，但人性化写作带来更好体验依然有很大的空间。因此，语调框架不会将解决问题的权利交给某个人，因为这样难免有很主观的因素，我们要帮助人们找到当时当地最合适的语调来使团队保持高度一致。"

低调一些

但是，如果正在使用一个银行 APP、保险产品或是某个交易系统，情况又会如何？我猜，在大多数情况下，您肯定都不希望见到"嗨，XXX，您好吗？"或"太棒了！做得好！"这样的互动。当然，写出这些话的人也可能只是想传达善意，让您觉得界面很友好。她/他们想当然地认为，直呼其名，再加几个感叹号，就能让您更有参与感，互动性更强。

但这样的互动，跟我们所说的语调并不是一回事。无论您有没有深刻意识到这一点，写作中的语调都是客观存在的。比如，在用简短、中性和精炼的风格写作时，就是一种语调的选择。还有，在界面上的文字中，不刻意强调情感互动，也是一种语调选择。

也许，交互内容中有 70%~80% 都与数字相关，这也无妨。您的目的，是通过交互设计或者工作流程引导来让用户顺利完成目标任务。而且，我想您应该也不希望那些无关且并不是特别了解，对项目本身的干系人来指手画脚，所以，制定语调策略正是一个很好的方法吗？就算您的策略只是想让界面交互能帮助用户完成任务，也应该让相关人员都能清楚地知道。

不要假定情绪状态

我在各种各样的组织中工作过，比如：

- 机器制造商

- 保险公司

- 康复型医院

- 电动工具制造商

我经手的每个产品，我都必须相当了解用户可能遇到哪些情况。毕竟，没有人的保险索赔理由是"我觉得挺好玩的"。

我得到的教训是，如果做不到百分之百了解用户，那么在语调方面，请一定要保持简单。因为人们在使用这些产品时，可能刚刚经历了亲人丧生或者同事受伤这样的不幸。

虽然我经常说要让产品有更多参与感，更友好，但我也会提醒团队成员，不要假设用户此刻正在经历什么，凡事过犹之不及也。■

构建 Facebook 的语调框架

作为负责人，普罗布斯特（Probst）想要确保 Facebook 的内容策略团队要以整体视角来看待产品和功能并从中总结出一种模式。

"就这样，自然而然地，我们来了一次大规模的审核，"普罗布斯特（Probst）说，"通过这次审核，我们建立了更多的语调文档并且能填充到相应的频谱中。"实际操作示例请参见图 7.4。

庆祝型的	信息型的	有同情心的
欢迎来到 Facebook！	3 种方式开启您的 Facebook 之旅	由此开始，我们 将竭诚为您服务

图 7.4
Facebook 内容策略团队出品的不同语调在频谱上的布局

Facebook 团队准备了一系列针对不同语境的问题来完善其语调文件库。这里，需要考虑三个主要因素，分别是界面、用户及情境或者说需要消息弹出的情况，举个例子：

您（界面）

- 目标：您希望用户做什么？

- 情绪：您想给用户传达什么样的感觉？

- 原型：如果这种用户体验是一个人，您对她 / 他的认知定势是什么？又将如何与用户建立联系？

她 / 他们（用户）

建立语调文件库

语调文件库能为您和团队提供一个语调决策评估框架。市面上有很多十分全面的、以用户为中心的以及可以参与的研究与思维，这也是锻炼创意写作技能的好机会。

- 情感：看到这条消息提醒时，她 / 他们感觉如何？

- 接受能力：她 / 他们对这类信息的接受程度如何？

- 压力：可能的极端情况是什么？无论有多么罕见，但也应该考虑到用户可能在什么样的压力或负面状态下接收到这一条消息？

情境（您所处的环境或情况）

- 交互型：这是哪种交互元素（如用于确认的对话框、错误消息、子标题等）？

- 位置：用户现在处于整个用户旅程中的什么位置？

- 下一步：用户在收到此消息后，紧接着会发生什么？

"只要我们开始看到这些语调文档开始成形，"普罗布斯特（Probst）说，"就意味着我们可以开始测试了。"

接下来，团队可以为每种语调写示例消息。这项工作的意义在于，帮助团队评估如何在特定情境中工作并将用户在阅读消息提醒时的想法或感受考虑在内。

普罗布斯特（Probst）坦言："这种练习很有好处，因为可以为每一种语调的制定提供具体的指导，比如「这一步操作是价值主导」或「尊重用户的时间」等。"

从审计开始

了解用户通过产品与自己建立起来的全方位关系，很重要。因此，第一步，我们需要从审计开始。我们的产品是一个大型的、连接广泛的社交网络？还是一个帮助用户完成某一件事的工具？这是一个很好的起点，但"万事开头难"，也并不简单。

审其实是会计和律师的常用词，说白了，就是盘点您所拥有的，然后进行评估。您可以审计整个体验，也可以只选择重点项目，关键在于按目标行事，目标影响着您能获取哪些信息，也能帮助您进行有目的地审视。

举个例子，假如我们要写送餐应用，选取用户会用到页面这些关键步骤。

- 申请开通账号

- 浏览菜单并下单

- 取消或编辑订单

- 在订单出现错误时获得帮助

当然，这并不是全部！在这个应用中，还有外卖骑手和接单餐厅，要确保您考虑到了所有类型的用户。

将所有消息整理入目录

进行审计工作时，需要清点所有的东西并找出典型。我很难在这里跟您讲清楚到底需要盘点什么，是界面当中的一个词？包括按钮标签和短语吗？还是只包括那些信息量很大的文本，比如错误信息、确认的对话框以及上手的经验呢？

所有这些，都是我们试图辩论清楚的。当然，在字数很多的情况下，语调选择必须更清晰，但即使是只涉及一两个单词的标签，也需要选择语调。举个简单的例子，如果我们将外卖 APP 上的商家都标为"餐厅"或"地点"（图 7.5），这就是不同的语调选择。

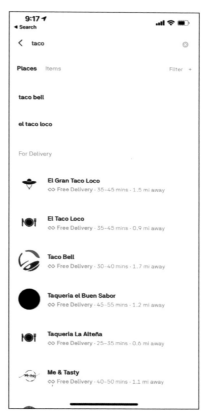

图 7.5

对比 Caviar 和 Postmates 这两家餐厅，一个用了"餐馆"，而另一个用了"地点"

>
> 内容清单和内容审计之间有什么区别？丽莎•玛丽亚•马丁（Lisa Maria Martin）在她 2019 年出版的《日常信息架构》一书中说："这些术语经常被混淆，审计是一个过程；而清单是一种产品。审计是对网站进行的操作；清单是审计所产生的结果。请区分使用两个术语！在流程和产品之间进行区分，非常有用也非常有必要，它可以帮助客户和同事了解过程和产出之间的区别。另外，使用表意相同的共享词汇表工作时，所有人都会更加轻松。"

在浏览这些工作流程时，请在看到消息提醒时做个标记。有可能是一个简单的确认通知，比如"您的订单已开始配送。"也有可能是一个关于定位的复杂需求,比如"请告诉我，司机在哪里可以找到您。"而且这些信息有可能会被埋没，有可能隐藏在 APP 的术语当中，也有可能混淆在每个列表的分类当中，比如的食物列表是"菜单""菜品"还是"特供"。

有个好办法能做成这件事，如果公司里刚好有一个大型会议室或者是一个相对比较空的墙壁，可以把这些屏幕的截图打印出来贴在墙上，然后把写在便签上的消息提醒也贴上去，就像"阶段指导"一样，了解用户在获取消息时会有什么样的操作。

如果与远程团队合作，请尝试使用白板应用程序或协作文档，让团队更容易找到示例并做出标注。

展示工作成果

如果团队规模比较大或者团队里有其他学科背景的合作伙伴，就善用您的审计结果来获得认可，这是个不错的主意，如图 7.6 所示。审计是组织真正实现转变的拐点，而且通常情况下，会因为审计而开始其他发现一些需要重新考虑的事情。

图 7.6

内容设计经理乔纳森·科尔曼（Jonathon Colman）2013 年制作的内容量化海报，展示了他为户外装备合作社 REI①进行内容审计的过程和影响

令人惊讶的是，通常情况下，并没有谁在进入新的体验之前先审计现有体验，因为审计需要以回看的视角进行，而且观察结果和将来的建议应该是整体理性并符合现实情况的。

---

① 编注：创办于 1938 年，产品涉及登山用品、露营用品、健身用品、徒步旅行用品等，在美国 32 个州有 136 家店铺。以合作社形式经营的 REI，销售额增长到 10 亿美元花了 67 年时间，但 10 亿增长到 20 亿却只用了 8 年。

而且，这也有利于您向经理或产品负责人证明您需要花更多时间来
制定语调策略。

标记不确定的内容

有时，也会看到一些不合适的消息，可能是写得不好或者脱离上下文，
如图 7.7 所示。

图 7.7

外卖应用 Caviar[①]在复活节第二
天的界面显示。了解背景信息并
乐于接受新事物之后，您可能会
觉得很有趣。但对于不了解背景
信息的人，这里的语言和表述简
直无异于羞辱其饮食习惯

---

① 编注：成立于 2012 年，自建物流，主要与中高端餐厅和企业合作，2014
　　年以近 1 亿美元的价格被移动支付公司 Square 收购。2019 年，以 4.1 亿
　　美元的价格被 DoorDash 收购。

可以问自己几个问题。如果答案为"否"，建议标记下来后重写。

- 这个消息与上下文相关吗？这里适合采用您选择的语调吗？这条消息是不是"真空写作"，即脱离语境而忽略用户在使用中可能出现的情况？

- 这条消息有同理心吗？有时，为了使文字看起来更机智或更"顺溜儿"，我们在写作时会牺牲掉同理心。有时候还会加一些额外的感叹号，只为了让文字看起来更别具一格或令人愉悦，但这很有可能冒犯到压力很大的用户。比如图 7.7，对一些人来说有趣的文字，很可能会因为毫无同理心而伤害到一些人的情感。

- 这条消息足够有包容性吗？这条消息是否疏远或排除了一些特定人群？这条消息什么情况下可能会出错？它是否排除了不同性别、性取向、种族、年龄或有某种身体残疾的人？

- 这条消息能被各种语言翻译吗？这条消息是惯用语还是大白话？不会说或读不懂这个语言的人怎么解释它？如果有人按字面意思翻译了该消息，信息可能有哪些遗漏？

对同类消息进行分类

基于审计，可以开始系统考虑语调了。请记住，需要考虑对话的互动质量。尽可能有现实生活中的对话感。

因此，就像 Facebook 内容策略团队建立语调文件库时的提问一样，考虑对话中的三个主要因素：您、其他人以及双方共处的情境。

可以使用审计过程中的一些流程，每一次都尝试回答下面几个问题。

- 场景：在什么情况下用户会收到这条消息？

- 用户心态：收到此消息后，用户会有什么感觉？他们的接受度如何？

- 产品意图：您的目标是什么？您希望用户完成什么任务？

- 语调属性：该语调与产品个性原型有哪些共享特征？（是支持型？是培育型？是值得信赖的？还是有耐心的？）

尝试简洁回答这些问题，也可以参考图 7.8 中所示的表格，找到相似之处。有很大概率是能看到自然的相似性，用户的目标及其对信息的接受度等。这种时候非常适合回答比较开放性的问题，围绕正确的语调获得背景信息，并趁此机会找到更个性化的信息。

场景	用户心态
产品意图	语调属性
示例消息	

图 7.8
作者在"UX 写作基础"研讨会上使用的语调文件库工作表

实战指导

尝试用多种语调进行写作

探索各种语调特征的最佳方法之一是选择一条消息，然后尝试用各种语调来写。这是探索语调外延及它是否有助于用户理解消息的好方法。假如回头读自己写的语调时觉得荒谬，则说明这种语调可能不合适。

我们以强制重置密码为例。

消息如下。

- 交互类型："确认"对话框。
- 您的密码需要每 90 天重置一次。
- 由于没有按时重置密码，原密码已经过期。
- 请选择一个新密码，然后再次登录。
- 新密码必须超过 12 个字符，并包含字母和数字。

以下是语调样本。

- 鼓励型：积极激励您实现目标，并收获价值。
- 信息型：中立且有意义，以陈述事实的方式，传达重要信息。
- 值得信赖型：安全是我们最重要的职责，请相信我们会确保您的信息安全。
- 同情型：很抱歉出现这种情况，我们希望您知道，在这个艰难的时刻，我们时刻为您提供支持，请再重试一下吧！

实战指导（续）

鼓励型

哈喽，安迪！我们来重设密码吧，距离您上一次更新密码已经 90
天了，请选择一个 12 个字符以上的新密码，其中需要包括字母和
数字。然后用它再次登录。

CTA：重置密码

信息型

您的密码使用已超 90 天，现已过期。请创建一个新密码并重新登录。

CTA：重置密码

值得信赖型

您的信息安全对我们很重要，为防止密码被盗，请您创建一个新
密码。确保密码长度在 12 个字符以上，并且包含字母和数字。然
后，您就可以使用新密码安全登录。

CTA：重置密码

同情型

很抱歉，您的密码已过期，需要重设密码才能再次登录。为确保
您的账户安全，请使用 12 个或更多字符，并同时包含字母和数字。

CTA：重置密码

大声读出这些选项后，"同情型"显然不合适。"鼓励型"似乎
也有些夸张。"信息型"或"值得信赖型"相比就更说得通一点。
因为虽然这一步操作略显复杂，但也是大家都很熟悉的。

寻找模式

审计的目的在于，通过产品或工作流程更全面地审视用户体验。这能使您跳脱单一思维模式，如同视觉设计师不再逐屏查看原型，而是采用更加直观的方式。当您注意到每组信息的分组时，尤其是在大型的审计当中，可能会出现一些模式。或许您已经注意到下面几点。

- 也许用户每次与产品交互时，都可能困于屏幕上集聚的信息又或者觉得自己太忙而无法阅读所有的信息。

- 信息表达的强度可能太高，用户真正需要的是某些信息清晰、简洁。

- 用户有可能刚刚成功完成了很繁重的工作任务而对自己实现目标感觉良好。

- 又或者是我们假设了用户的心理状态，但用户并没有真正理解我们的用意。

汇总信息

到现在，您应该已经看出一些模式，并且注意到了界面和用户的关系如何相互作用和相互影响。是时候考虑一下文字和设计是支持还是阻碍了您的目标以及助力用户实现目标的可用性如何。

选择之前学过的好的写作方法，试想是否还有优化的空间，然后开始整合语调文件库。这个文件库代表您根据上下文与用户进行准确且有策略的首次沟通尝试，就像是您要讲给父母或大学里最好的朋友听一样。这是一个框架，让自己的产品与新用户交流，不管用户此刻是感觉开心还是"压力山大"。

把语调可视化

有很多方法可以将语调频谱进行可视化。我们 Adobe 的语调频谱可视化过程就是个从主动到被动的过程。语调越偏向中间，就越中性且表现力越弱，而越向外，说明表现力更强。

这种可视化操作非常有用，因为它遵循用户旅程中很典型的线性路径。

- 动机型的：以上手经历为典型。

- 有用的：非常适合较低强度的表达，例如在已有的体验中交流新功能。

- 令人放心的：适用于与隐私相关的和财务交易两种交易。

- 支持性的：适用于沮丧或心情不好的用户。

但这也表明，大部分情况下语调都足以实现信息的传达。实际上，这也表示，语调也被低强度表达优化。而这，正是您努力想要实现的中性化的简洁风格。

开始使用语调文件库

建成了语调文件库，但还没有真正发挥其价值。现在需要用某种方法将它们与实际的文字联系起来。记住这些语调文件库，然后在此基础上动手写实战规则。示例如下。

动机型语调

- 在适当的时候跟用户打招呼。

- 强调价值，并以此激励用户去做或了解的某一项任务。

- 承认语调也有可能被混淆或夸大。

指导型语调

- 退居幕后，但仍然保持活跃。

- 专注于您所依赖的信息，别无其他。

- 强调此时此刻正在发生的事情或在用户进行此操作即将发生的事情。

支持型语调

- 清楚知道用户正承受着压力。

- 将产品信誉与用户安全始终放在首位。

- 强调其工作流程的结果或解决方案。用户完成操作后会得到的好处。

定期回顾

不要总为过去所取得的成绩而沾沾自喜。作为文案写作者，更需要不断进化。毕竟，软件也在不断进化和变化。如果您是写作团队的一员，必须不断迭代进化。因此而需要定期重新检查语调框架，并判断其现阶段的实际意义，这很重要。

是否存在一个您没有注意到的巨大分歧？又或者，您的文件库与核心用户没有太大关系？

每个季度都要重新审视一次框架，并向自己和团队提出一些问题。

- 这个框架还能满足我的需求吗？它是否还在帮助我或我的团队为用户"舞文"？

- 是否需要将新功能当作新内容，传递给用户（例如新的账户管理界面以强制用户重置密码）？

- 语调框架中是否有未曾用过的整个一大片区域？

找到适合自己的

在写这本书时，我对比了一些语调系统在积极和消极语境下的不同效果，如图 7.9 中 Shopify[①] 的 Polaris 设计系统所示。[②] 此外，18F 的语调框架几乎是一个迷您声音指南，不仅有样式属性，甚至还有每一个对应的写作方式，如图 7.10[③] 所示。

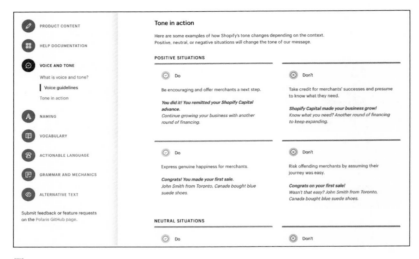

图 7.9

Shopify 语音和语调指南中的 Polaris 设计系统截屏

就像我们见过的其他许多框架一样，审计、追溯和规划语调的方式，也可能因方法、业务、用户及策略实践能力而有所差别。框架越完整、计划越全面，说明框架可能越僵化，越难以灵活应对压力案例或特殊情况。框架越简单、广泛，也就越模糊，越可以用于更多解释。

最重要的是，在与用户交流时要有策略，并仔细考虑用户使用交互界面时可能处于什么样的情况。

---

① 编注：创办于加拿大的电子商务平台，这家 SaaS 到 XaaS 的颠覆者建立了一个新兴的电商生态。截至 2020 年 9 月，三季度营收为 7.674 亿美元，同比增长 96%。

② https://polaris.shopify.com/content/voice-and-tone#navigation

③ https://content-guide.18f.gov/voice-and-tone/#choosing-a-tone

Choosing a tone

As we mentioned earlier, your voice is a constant, but your tone is a variable. Consider the following: If you're having an irredeemably terrible day, you might get peeved at a store associate who chirpily (and repeatedly) asks if they can help you with anything. Instead of picking up on your nonverbal — or perhaps verbal — cues, this associate is **tone-deaf**. The associate maintained a consistently helpful voice, but they failed to shift their tone from energetic to restrained. As a result, their message (however valuable or well-intended) is lost on you.

To avoid going the way of the associate, think about your users' needs in different situations. Use these needs to determine your tone.

Let's consider three examples that target three different reader groups. Obituaries, technical blog posts, and marketing emails targeted at newly engaged couples have vastly different tones. Why? The three types of writing correspond to audiences in three highly different emotional states.

Type of writing	Intended readership	Tone	Example
Obituary of a prominent community member	People who knew (or knew of) the deceased	Respectful, reverent, somber	"Professor Pelham was respected by his colleagues and revered by students, many of whom would wake before dawn on registration day to ensure gaining entry to his classes. His wit, gentle humor, and compassion left their mark on everyone he talked to."
Blog post announcing	Developers and other	Direct, impartial	"The Open Source Style Guide is a comprehensive handbook for

图 7.10
18F 语调框架截屏

第 8 章

协作与一致

文字设计须躬行

团队合作 148

设计行之有效的流程 151

合力完成写作 156

展示工作成果 161

建立一致性 165

找到适合自己的 174

通过写作来设计体验，并不是想教大家学会一套正确或避免错误的造词用句方法。用户是独一无二的，您所在的企业也是独一无二的，这也是写作最重要的基石。

职业生涯也如此。世界上没有一个关于这个岗位的"正确"头衔，您为团队做贡献或者帮助他人的方式，也不只限于这一种。我们要找到一篇文章最合适的表达方法，也要找到在组织内行得通的工作方式。很多时候，大部分工作内容就是搞清楚自己究竟是干什么的。精准定义问题，才能解决问题。

有可能您的本职工作就是写作，当初老板就是因为您的写作技能才聘用您的，让您用更清晰的语言将一种或多种产品的可用性传递出去。也有可能，您的大部分工作时间都花在写作之外的其他事情上，比如视觉设计、项目管理或产品研发等，但您同样是为了确保自己的文字表达能满足用户的需求。

无论哪种情况，设计个人角色，与写作工作一样重要。请记住，如果写作不能影响到产品的最终体验，您在前面所学的东西就毫无价值。好的写作，一定能反哺实践并为用户提供价值，就像好的设计一样。

团队合作

只要是开始新的项目，我们可能经常都觉得"迫在眉睫"，恨不得自己"和盘"用上学过的所有知识，顺利避开前面踩过的每一个坑。

但事实上，不可能避开所有的坑。因为这一切取决于需求，但需求是会变的。甚至有些时候，人们对您费时费力做出来的炫酷交互设计并不感兴趣。牢记一点，不要将改变本身与成果交付混为一谈。

先从满足团队的需求开始。当然，您可能会有不同的优先级排序，但只有在满足团队的需求之后，您才会获得支持来满足用户的需求。文案写作任务重，而且，产品团队的交付压力也一直存在。还有其他各种各样的事情需要完成，比如营销活动、交互界面文案甚至错误提示符等。

有些时候，上述工作可能在您接手之前就已经完成，甚至没有必要，但这并不影响您发挥价值。大多数团队都会有文案写作者，但并非所有人都是"持证上岗"的，可能并没有接受过正规的培训。但其实，文案写作需要基于一定的需求，比如开发人员需要基于场景的文字内容，设计师需要界面设计的文字内容，当然，产品负责人也有可能再次修改这些文字。而作为文字工作者的您，如果能基于场景写出最合适的文字，当然就可以减轻开发和设计师等人的负担，这也会为您赢得职场认可与能力认证。

但这项工作并不简单。如果真的想要用文字来设计体验，要做的远不只限于做好老板分配给自己的工作，写好交互设计的文字稿。需要花大量时间去了解用户，并且解决用户的问题，但正所谓"眼过千遍不如手过一遍"，动手用心参与实践无疑是达到目标最快和最有效的捷径。

麦可娜·哈克纳（Michaela Hackner）是一名用户体验内容策略师，她对如何加入团队并让团队成员了解到自己的价值很有经验。在她的职业生涯中，花了大量时间研究如何让金融服务更容易触及用户，以方便人们更好地做出金融决策。

正是由于找到了跟团队同频进退的方法，她也获得了职业上的成功，虽然这个过程也有些波折。

用她自己的话说："大多数人都习惯于交出一份文档、一种规范或者是某个框架，然后再让人们根据模板填入内容。这是她／他们做事的方式，也是她／他们想问题的方式。"比如，在加入一家大银行初期，她就为此感到无能为力，总在思考如何能更好地帮助设计和解决问题，但团队对他的期待似乎只是写写文案。"刚开始，我经常接到一些零散的任务需求，也是团队在当时当前位置着急想要的需求。但往往在需求得到满足之前，我和团队成员似乎总是难以达成一致。"

但是，她对团队的贡献并没有被忽视。实际上，这项工作为她创造了发挥最大业务影响的空间，也帮她与产品合作伙伴建立了良好的工作关系。"我发现，一旦建立信任关系并真正做一些对小伙伴们有帮助的事情，我就有机会践行不同的工作方式。"

英迪·扬（Indi Young）在她的《同理心》①一书中这样写道："同理心，关乎了解另一个人正在经历的情感和动机。"她也指出，商业世界中有个常见的错误是，人们尝试做出一些有同理心的决定，但并没有事先设身处地为可能受到比决定影响的人着想。

这一点在团队工作中也同样适用。如果期望进行写作上的改变，就要首先听取团队的想法，了解团队所面临的压力及其动机和需求。尝试用倾听和提问的方式来沟通，然后再采取相应的行动。

面谈时间的有效性不足

2017 年 1 月，我以第一位用户体验内容策略师的身份加入 Adobe，我也是一个 300 人产品设计团队中唯一的文案写作者。回顾当时的工作经历，在 Adobe 工作，与各个产品领域的设计师和产品经理沟通，是十分重要的。

我开始划出固定的"面谈时间"，每周固定留出几个小时，让设计团队和我预约 30 分钟的空档，我尝试用文字帮助她 / 他解决设计问题。

万万没想到，我的"面谈时间"大受欢迎。这也证明，我们的许多产品团队都很清楚自己需要更好的语言表达。我很快意识到，30 分钟并不能真正提供足够的帮助，最多只是一些建议和几个现场匆忙写成的短语或句子。

但这确实也起到了一些作用，尤其是让我从更全局的视角看到了整个产品领域普遍存在的问题，这也是改变的起点。这段经历让我受益匪浅，我们需要首先确定工作的优先级并尽量避免返工，而这些，恰恰是很多组织都面临的一个难题。

此外，"面谈时间"让我与很多设计师、研究员和产品负责人建立了联系，我也向她 / 他们传授了自己的实践经验，这也促成了更多新员工的加入，并成为我建立团队的契机。

如果您是一名文案写作者，并且您的同事大多是设计师，也可以考虑设置一个"面谈时间"。一般情况下，问题虽然并不能立刻解决，但您会慢慢发现自己被赋能，可以解决更大、更系统的问题。■

---

① 编注：中译本由清华大学出版社发行，可以发送邮件到 coo@netease.com 了解更多详情。

设计行之有效的流程

在产品团队中工作的文案写作者，大概都有这样的感受："为什么一切都来不及了？"

究竟是什么来不及了？是决策、需求以及通常来说更有趣的策略性工作。虽然这多少会让人沮丧，但要明白，对并不参与写作的人来说，写作看起来是很容易的事。

如果觉得工作流程让您的写作变得更困难，那就尝试改变它。与其抱怨或者沮丧，不如动手重新设计一个更好的流程来提升自己。这可能意味着需要思考下面几个步骤。

- 提前计划：最后一刻的返工通常让人烦躁加信。竭尽所能了解整个产品项目的工作量，为团队制定计划，也为自己留出写作的余地。

- 找出障碍：障碍是研发人员的口头禅，是指那些阻碍您完成工作的且暂时还不清楚的信息，比如，您是否需要更多信息？您在等待某个拥有决策权的人下达最后指示吗？所有这些悬而未决的问题，都需要跟团队沟通清楚。

- 确认所有工作：是否需要与主要干系人一起审阅文字内容？您的文字内容是否需要法务批准？您是否需要安排范围更广的决策者会议？您需要做研究吗？所有这些，都是工作的一部分，都应该有明确的时间节点和进度安排。

给自己预留更多的余地来去设计更好、更合适的工作流程。正所谓"磨刀不误砍柴工"，花几小时设计一个更好的工作流程，从长远来看，也许能帮助节省数百小时的时间而且结果更好。

您可能是一名全职的写作者或者同时肩负其他职责，您仍然需要时间来完成这个工作。一旦文字成为设计，所涉及的就不仅仅是写作

技能本身，这也并不是我们首次提出的观点，斯科特·库比（Scott Kubie）在他的《设计师的写作》一书中就说过：①

> ……写作可能比您想象的更像设计。常见的与设计相关的活动，比如确定问题、界定范围和探索解决方案等，都是写作的一部分。在用户体验工作中，我们使用的许多方法，可能都是写作流程的一部分：干系人访谈、用户调研、内容审核、工作坊和评议会等。

精心设计角色，也尝试将角色解释给其他人听，这有可能改变她/他们的思维方式，也使您和其他写作者更接近成功。

不请自到

有时候，您可能不会受邀参与一些重要的会议，比如项目启动会、周期性开发会议和构想阶段会议等，这实在有些令人沮丧。可能您也觉得自己应该参与，因为这些会议会影响到最终的产品、文案以及更重要的用户使用体验。

但其实，您之所以没有受邀参会，一个重要原因可能是，会议发起人甚至都没有意识到，文案写作者也可能在项目早期产生重大的影响。

怎么办呢？尝试空降，不请自来。

无疑，这项任务听起来有些挑战，甚至让人心生害怕而放弃，尤其是对一些性格内向的人来说，更是难上加难。但换个角度想，一直处于这种"想被邀请但总是不被邀请"的状态，其实更煎熬。

下面提供一些获得参会邀请的策略：

旁听者

> "嗨，似乎这是个很重要的会，我可以申请旁听吗？"

上述表达，可以用于跟那些自我主义者或比较看重身份的人打交道。对方可能会因为自己有参会资格（而这一权利并非每个人都有），所以可能并不欢迎您。

这个时候，您可以用"我只是想在旁边静静地听""我只想确保自己可以随时了解可能影响我工作的事情"这样的话来打消对方的顾虑。

---

① https://abookapart.com/products/writing-for-designers

在大多数情况下，这种方法都有效。

也可能会有例外，产品负责人或项目负责人说："不是针对您，我们希望决策范围尽可能地小，这样有利于快速决策。"

听起来无力反驳但的确让人感到沮丧，但您应该相信这确实不是您个人的原因。并且，您可以这样回应："是这样的，我了解到，这个界面设计中多处用语都可能产生广泛影响，而如果我刚好能提供一些关于语言使用的建议，意味着我们可以为这些设计正式落地节约大量时间和金钱。"

这样的话术，也就直接引出了我要讲的下一个策略：

生产力促进者

> "看起来，会议主题与我正在做的工作有关。我可以加入会议吗？
> 我也不想之后再提出变动，因为这样可能会延缓开发团队的进度。"

如果想让人们确信这个会议需要您的参与，您可能需要提及影响进度的阻碍因素。

听起来并不是什么聪明的办法，但其实，确实很多公司都把研发团队的进度及工作量看得十分重要。只有及时指出这些可能会影响到您和开发团队进度的事情，才能让人们明白为什么需要文案工作者尽早参与讨论。

伸出援手

> "没错，工作坊是对齐团队目标的有效方法。我可以参与活动组
> 织和支持吗？"

人们都喜欢工作坊，不管是做策略声明、集群关联还是设计工作室做决定，等等。人们参与其中，专注进行对话和沟通，团队似乎有一股无形的向心力。

如果能得心应手地主持一场研讨会并深度参与对策略的讨论，就能够带领团队分享理解，达成共识。

创造一种有感染力的透明度

有些时候，因为干系人对您的工作不了解，所以您很难参与。

看到一个按钮标签，您可能会想到 5 个问题，而这 5 个问题都发生在用户开始用这个按钮之前。而这个时候，开发人员正好来找您写标签，希望您能在 5 分钟之内将标签写好，以便能在午饭前提交代码给测试。

这个时候，与其自己鼓捣这 5 个问题，不如将这些问题摊开向所有人讲清楚。将问题上传至公司项目管理工具，比如 JIRA 等，并且标明用户需求进度及搁置项目，直到这些问题有了明确的答案。也可以在同事高频使用的社交软件上询问解决办法，比如企业微信。

透明化的好处就体现在这里，每个人都能了解您的工作进程并判断如何才能帮助到您。

但需要明确一点，这不是向所有人汇报或炫耀自己在做的事情，关键在于让其他人明白这些问题对产品成功至关重要。

透明化问题与流程，也会带动公司里的其他人有信心这样做。

学会提问

如果您很重视文字，也许经常会思考很多工作上的问题。这是因为好的写作会让问题变得更清晰。很多时候，如果团队中没有人专注于文字与写作，很多问题可能不会太清楚。

因为太爱提出问题，您的同事可能会觉得您很怪，甚至会让您不要担心，不会有那么多问题的。

但是，问对问题，真的很重要。

我们提问的目的，是想进一步了解周围的世界。在许多团队中，从来没有人尝试过先理解构成产品的文字，她 / 他们不熟悉这样的操作，甚至还觉得对自己的工作有威胁。

我们可以确信，针对代码部署、产品是否匹配市场需求、项目进度表、CSS 规则、数据库查询、API 以及团队工作的其他活动，肯定已经提出过很多问题。

但其实，针对产品及用途进行提问，能大大提高工作效率。不仅要问关于界面的问题，还要问产品要解决什么问题。如果自己都不了解状况，还能指望用户可以通过您的文字感受到什么吗？

希拉里·阿卡里齐（Halary Accarizzi）就有过类似的经历，这也是她在团队中建立授权文化的原因。她就职于一家大型保险公司，管理着数字产品的文案写作者和内容策略师。在她的团队中，文案写作者可以随时随地提出任何问题。

阿卡里齐（Accarizzi）试图让团队中每个文案写作者都能人尽其才，合力提高产品的整体体验。"我鼓励每个人都放手去干，而不仅限于为她／他们提供一些资源，"她说，"我希望我的团队成员意识到她／他们的价值远不局限于文字本身。"

她管理团队的主要方法之一，就是鼓励大家提出问题。"有些人不喜欢在大会上提问，比如有社恐的，那我就会找个值得他信任的人私下再问他，"在她看来，"她／他们提问越多，就越有参与感，也会发挥更自如，这样就更有利于开展工作，他们也更有可能成为专家。"

阿卡里齐（Accarizzi）还说："作为文案工作者，要对产品做出一定的贡献，其实有一定的难度。因为这需要大量的宣传工作，您必须说出来，才可能将产品的价值传递给更多人。"

但这也让她获益良多："我们的生活已经离不开数字体验，我们希望能为人们提供顺畅、愉悦和有益的体验，但这个过程中，人们并没有明显感觉到流程是经过精心设计的，让一切消弥于无形，这就是我们的目标。"

通常，产品负责人或者设计师会向您展示界面设计，然后说："请帮忙完成文字部分。"但您的脑子里可能有很多问题在盘旋，所以，下一次请您大着胆子提出这些问题！

以下列出您可能会遇到的一些交互方面的问题。

- 这个任务流程的目标是什么？

- 用户在这里想要完成什么？这种设计如何才能帮助到用户？

- 用户在看到这条消息之前看到了什么？

- 单击"确定"按钮的作用是什么？

- 用户需要哪些步骤才能走到这一步？

- 我们的用户了解这是什么意思吗？

以下是和产品有关的一些问题。

- 产品预期的产出是什么？

- 我们的业务收益如何？

- 我们如何衡量产品的成功？

- 我们的产品愿景是什么？

- 我们鼓励哪些用户行为？

这些问题可能不一定总是有明确的答案，但提出问题会使整个团队受益并让您对工作有更清楚的认识。

合力完成写作

各个组织是不同的，需求也不尽相同。有的组织会聘请几十名专职的文案工作者或内容策略师，还有些组织会花几年的时间，让一个人来主导这些工作。

不过，即便是团队中唯一专注于写作的人，仍然可以为团队中所有需要与用户有文字互动的成员提供帮助。大多数组织中都有十分重视写作并乐意好好写作的人。如果能与这些人紧密联系，您的工作也会变得相对轻松。能碰撞出思维火花的同事或帮您了解部门以外干系人的同伴，都值得您珍惜。

从实践的角度来讲，任何一个想要做这类工作的人，都会受益于这种鼓励别人和激发别人活力的思维模式。与目标相同且方向一致的人一起工作，也是一种能量来源。

这样很容易形成一种分享的氛围，人们都乐意提出自己的问题、想法和创意等。如果有可能，也可以有一个线下空间，比如一个项目房间或只是一面墙，专门用来展示最新工作成果或者可用资源。当然，也可以是一个数字虚拟空间，比如建一个线上聊天室或是电子邮件群组等，如图 8.1 所示。

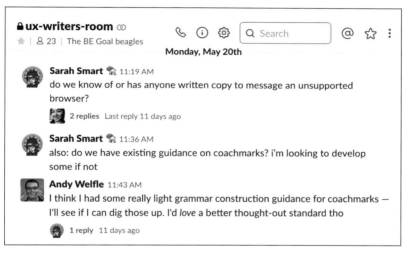

图 8.1
Adobe 设计团队在 Slack 上建立的用户体验线上会议室

将设计技巧运用到这些空间的创建中，让每一个成员都参与进来并能从中受益。

尝试用这种方式去连接其他人，尤其是和您有同样境遇的人，让彼此知道自己并不孤单，您经历过的或正在经历的，也有人经历过，彼此帮助，解决问题，同心协力，成就伟大。

促进理解

总而言之，不管是什么头衔，都要记住一件事：团队中的每个人都在共同参与体验设计。这句话似乎没什么好讲的，尤其是对头衔中已经有"设计师"三个字的人来说尤其不入耳，但事实的确就是这样。

用户体验领域的专家史普尔（Jared Spool）① 将设计描述为意图的外在呈现，在他看来，团队中的每个人都是设计师：

> "让团队中的每个人都成为设计师，不见得是件坏事。相反，这可能会成为一件好事。因为这意味着可以用来解决复杂问题的力量、知识和经验。实际上，这也能让团队目标更一致。"

文字即设计，如果您能够促进理解，这就会成为您的一项关键技能。帮助团队厘清设计目标，恰巧也是设计的关键。

具体来讲，促进理解需要与团队成员一起发散想法、解释概念和提出设计改动等。如果我们不努力促进深度理解，就只是任由事情自然发生。而每加深一次理解，我们就有机会让设计应用到日常生活中的每一天。

如果没有促进理解这一步，最可能会影响到效率，甚至同事也会因为不够了解而不知如何跟您沟通。作为一名出色的协作者，您需要调动其他人的积极性，让她／他们参与其中，同时您也会感到自己受到认可及工作有成效。

举个例子，假如您打算重新设计产品的登录体验。可能您对这个话题很了解，您自信满满，觉得自己成竹在胸，已经设想了很多用户痛点需求及改进方案。于是乎，您准备好数据，也提出了初步的解决方案，然后喜不自胜地跟团队成员解释。结果发现，团队甚至会质疑您对问题的精准定义与评估而不认可您的解决方案。

这样的经历确实让人感到很挫败，但其实，可以用「促进理解」来避免上述情况的发生。

相比直接提出解决方案，分步骤进行可能更有效。

1. 定义并记录问题。或者，最起码自己需要先找准问题。找出需要解决的问题以及出现这个问题的原因。收集一些可以证明问题存在的数据：截屏、报告文件或其他资料，然后用有条理的方式将这些信息整合起来，连贯论述，然后再与团队成员讨论。

2. 就问题达成一致。先聆听团队成员对问题的看法，然后吸收整理并与所有人讨论。这么做的好处在于，能尽早就「定义问题」这件事达成一致，

---

① https://articles.uie.com/design_rendering_intent

而且这需要用到您的研究成果，也能增加可信度，而不像是编造出来的案例。

3. 建立目标。在团队成员都有了一致的理解之后，人们对自己即将要完成的工作会有更清晰的认知。在一个大家都能随时查看的地方将目标写出来。可以将目标作为建立用户故事的标准，也可以用一封电子邮件发出来给每个人。无论怎么做，您都需要将这个目标变成团队共同要达成的目标。

4. 设计一套基于目标的解决方案。一旦您和团队就问题和目标等达成一致，就是时候构建解决方案了。再加上您们对这些问题相对统一的理解，解决方案也更容易敲起来。在向团队成员呈现解决方案之前，强调一致的目标以及目标给您提供了哪些多角度的思考，这样一来，团队更有可能接受这一解决方案。

实际操作过程中，这些步骤需要一气呵成且发生在很短的时间之内。不管您是不是按照这些步骤行事，最终都会形成一个类似的解决方案。但不同之处在于，基于理解达成的解决方案更有可能被团队接受并被进一步实践，最终呈现给用户。而这，也是所有步骤中最重要的一步。

画布和工作表

在我第一份与用户体验相关的工作中，我有个同事叫斯科特·库比（Scott Kubie）。我俩是内容策略师和文案二人组，斯科特向我介绍了如何用画布和工作表来达成共识。

其实这是我们很早就注意到的。完成任何一件事情，第一步永远都是对问题达成共识。一开始的时候，我们也会直截了当地问这个问题是什么，但我们发现，这种时候，也是团队成员开始变得警惕和自我防御的时候。可能在她／他们看来，我们这两个对公司和业务都不太熟悉的人，正在向她／他们提出业务或用户方面的需求。

通过制作一个简单的工具，我们能抓取到必要的信息。为此，我们创建了这样的环境：用工作表或者画布作为抓取信息的工具，然后让团队成员都能来填写信息。在这样的环境中，每个参与者都会有团队的感觉，我们也从审核者变成协助者和支持者。

图 8.2 就是我和团队目前正在用的双钻工作表。可别小看这张表，它能抓取一些基本信息，比如设计问题、用户需求和业务目标等，也能让团队及时记录新发现

和设计活动。

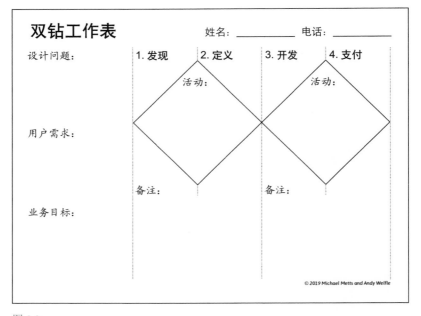

图 8.2
双钻工作表可以帮助团队一起跟踪他们的发现和设计活动①

秘诀在于，应该始终按目标行事。而且，虽然不需要向全世界宣告这个目标，不过最好让那些能够促进您完成目标的人多了解一些。

如果我的团队没有用足够的时间去发现问题，我的目标就是向团队发出警告。我的团队成员通常在没有明确用户需求的情况下就着急忙慌地动手创建解决方案。而有了双钻模型工作表，就能够清楚地知道我们该在什么时候更关注什么工作，而且不会让某个团队成员感觉到是有人在针对自己。■

---

① https://www.designcouncil.org.uk/news-opinion/what-framework-innovation-design-councils-evolved-double-diamond

展示工作成果

视觉设计师都知道可视化的强大力量。作为文案工作者，也应该尝试使用这样借力。

当然，我不是说您应该去学习设计师的基础技能，比如色彩理论和情绪板等。我的意思是，我们可以通过视觉工具来让其他人更容易理解我们的工作。视觉也可以是文案工作者的重要工具，这样能让其他人更快了解想法，更轻松记住一些关键概念。

请不要对学习使用设计工有心理压力，您的重点依然是专注于讲好故事。在熟知内容的前提下，才可以灵活使用各种表现形式来将内容形象化。

工具很容易学会，难的是如何清晰表达出自己的想法。

导图

导图的作用是能帮助人们更快在一个系统或者事物上找到定位。比如，我们出门时看地图会更清晰，同样，在团队中使用导图也会更清楚、高效。如果不能用更长远、完整的视角来看待自己的工作，就说明您可能需要一张导图。

图 8.3 所示为某家餐厅移动应用的导图，是以用户为导向而设计的用户体验界面。在这种情况下，我们并没有完整还原现实，而是勾勒出该系统中可能包含的内容模块。要知道，这并不是一个严格的线性路径，因为用户可能出于各种原因使用产品，这样的交互也可能发生在任一时段。举个简单的例子，一般来说，只有把要买的东西加入购物车的时候，我们才会看见购物车，但其实购物车可能出现在应用的每一个界面上。

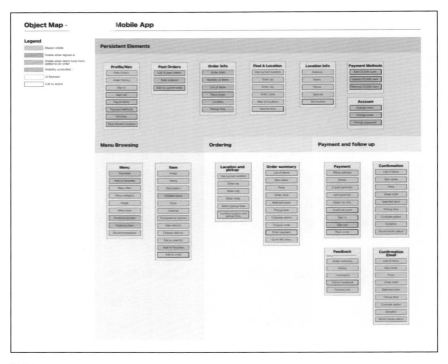

图 8.3

对象导图，显示移动应用所有情况下不同的屏幕和状态，根据颜色编码，我们可以判定各个要素在什么时候是可见的

流程图

如果您的产品给用户提供了很多选项，而不同的选项势必会带来不同的体验，那么在此时，用流程图的形式来呈现路径就不错。

流程图特别适合把线性逻辑讲清楚。比如对话式的交互设计，用户与系统的交互需要轮流进行，流程图就是一种相对比较好用的方法。根据用户路径的不同，来帮助人们更了解界面中语句的变化。

而且，在添加界面或者语言之前，流程图也有助于显示整个系统的运作流程。图 8.4 演示了登录系统出现问题时为客户提供支持的流程。

图 8.4

对话式 UI 的流程,可帮助登录账户时遇到问题的用户。图片由洛尔（Katie Lower）提供

界面设计

很多时候,审阅文案的人更想知道这些文字在实际语境当中的效果。这无可厚非,因为几乎所有界面都需要文字和交互元素来共同组成设计。

文案工作者也需要了解如何使用最新的设计工具并与设计师共享文件。据我所知,常用的设计工具有 Sketch,Figma,Adobe XD 以及 Photoshop 等。通常情况下,设计团队都有标准的设计软件文件夹。

正所谓"文无第一,武无第二",文案不会有尽善尽美的那一天,您需要一个具体场景中的具体例子,因为更关注实际使用场景的干系人更注重文字是否得体。

评论

评论不仅可能会让更多的人看到您的工作,同时还充分展示它的难度和复杂度。如今职场中,人们会因为一言堂那样的会议被取消而庆祝,但评论可能是让您与同事这一小时的相处更有意义和更有收获的方式之一。

评论,可以让您和团队成员更有能量。因为这是个大家能坦诚相见和各抒己见的机会,而且对以后的工作也有帮助。

不过要注意,有益的评论建立在心态正确的基础之上。下面和大家分享一些关键的原则。

- 关注目标和用户,而不是意见本身。写作方式是否讨人喜欢并不是最重要的。有价值的评论往往是带着建设性的意见,比如指出什么样的写法才能更好地满足用户需求或业务目标。

- 评论应该在工作过程中进行。评论的时机也很讲究，最好是整个项目还在进行时，这能避免不必要的混乱，比如还没有整理好的部分内容和修改错别字等。文字需要润色，能帮助人们理解，但并不是在工作基本完成之后才听取他人意见，因为这会导致返工，变得耗时耗力。

- 创作者需要明确反馈范围。在展示工作成果之前问清楚：“您需要我们反馈哪些要素？”这会让对方有能力控场，也可以避免“羊入狼群”的无助感。也许她／他们只是想要一些关于遣词造句的建议，有时候，她／他们会将焦点放在互动、触点、进入／退出等上面。也有些时候，人们在意更常规、大范围的检查。但有一些评论者很难界定自己应该反馈哪些问题，所以，文案写作者应在一开始就明确反馈范围。

- 如果您是作者，那么您也可以评论。一个普遍的误解是，如果有人在批评您的工作，就说明这个人就是在批评您。但其实，您永远不应该有这样的感觉。每个人都是在为一定的目标和用户需求而工作，这意味着，您也可以与团队成员一起反思和审视自己的工作。

尝试远程评论

我最喜欢的评论方法之一是采用远程会议的形式。远程的好处在于，每个人都可以按照自己的进度和速度浏览产品原型。

相比之下，评论功能对不愿意在一群人面前讲话的人相对友好。他们可以发表自己的想法，然后在需要的时候，提出更多补充意见。

在远程沟通时打开屏幕上的评论功能，也是我一直保持的习惯。图 8.5 就是我们团队远程评论时的内容。■

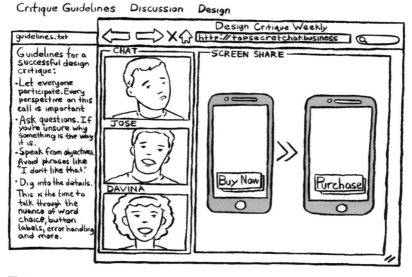

图 8.5
远程评论会议包括评论原则和讨论区

建立一致性

与其他文案写作者合作时，您会发现，人们处事的方式和写作方式各有不同。这也是我们需要关注一致性的原因。

一致性很重要，因为有时团队会因为反复解决同样的问题而浪费时间。这对组织而言，低效且成本高，因为不同的团队都在花时间以不同的方式设计同样的事（东西）。

这也提高了用户的认知成本。因为用户需要花时间与精力来识别和使用您们的新产品。

识别出与策略一致且用户也可辨识的想法并加以复制。这意味着组织可以重用部分成员的想法和意图，这也会让整个过程更高效且产品的一致性更突出。

在设计圈，保持一致性似乎已经是业界共识。几乎所有设计决策都以此为据，也常常将一致性作为一个重要的标准。但是，使用一致性原则需要注意一点：一定要有策略。不管是想提高效率还是加强一致性，如果没有策略，只会让您更频繁地出错。

可复用的模式

碰到与语言文字明确相关的事情时，我会尝试先识别模式，这是所有人都可以实践的一种解决问题的方法。一个很出彩的模式并不是指精确的措辞。相反，在我们专注于措辞之前，需要花更多时间来解决更重要的问题。

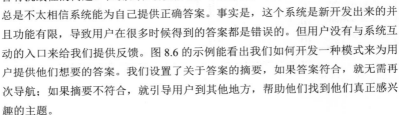

举个例子，我的团队最近在设计一个虚拟助手，为用户回答有挑战性的问题。在测试和研究阶段，我们发现，用户总是不太相信系统能为自己提供正确答案。事实是，这个系统是新开发出来的并且功能有限，导致用户在很多时候得到的答案都是错误的。但用户没有与系统互动的入口来给我们提供反馈。图 8.6 的示例能看出我们如何开发一种模式来为用户提供他们想要的答案。我们设置了关于答案的摘要，如果答案符合，就无需再次导航；如果摘要不符合，就引导用户到其他地方，帮助他们找到他们真正感兴趣的主题。

本来，我们也可以如实记录这种模式，比如用"准备开始了吗？"之类的问题来了解产品是否符合用户意图。我们也考虑过在按钮上加"准备就绪"的字样来获取用户希望继续对话的意愿，或者在按钮上写明"不需要"来论证产品确实没有正确理解用户的意图。

但如果我们真的这么做了，这种模式的寿命将会很短。用户与产品的实际交互只有区区几秒时间甚至更短，我们无法用交互设计的时长去衡量。因此，在用户只得到简短答案的情况下，这种复杂的意图揣摩设计并不合适。相反，我们只需要让系统能清楚说出可能的符合用户意图的答案，然后就能避免用户选择「退出对话」。

这些回复选项非常像是有一搭没一搭的闲聊，但如果聊天机器人根据参考资料为用户提供多个选项，效果就不太理想。最重要的一点在于，整个交互开始时有很多不同的路径，所以按钮并不适用。在这种情况下，我们需要依靠其他界面元素和自然语言来引导用户进行下一步操作。

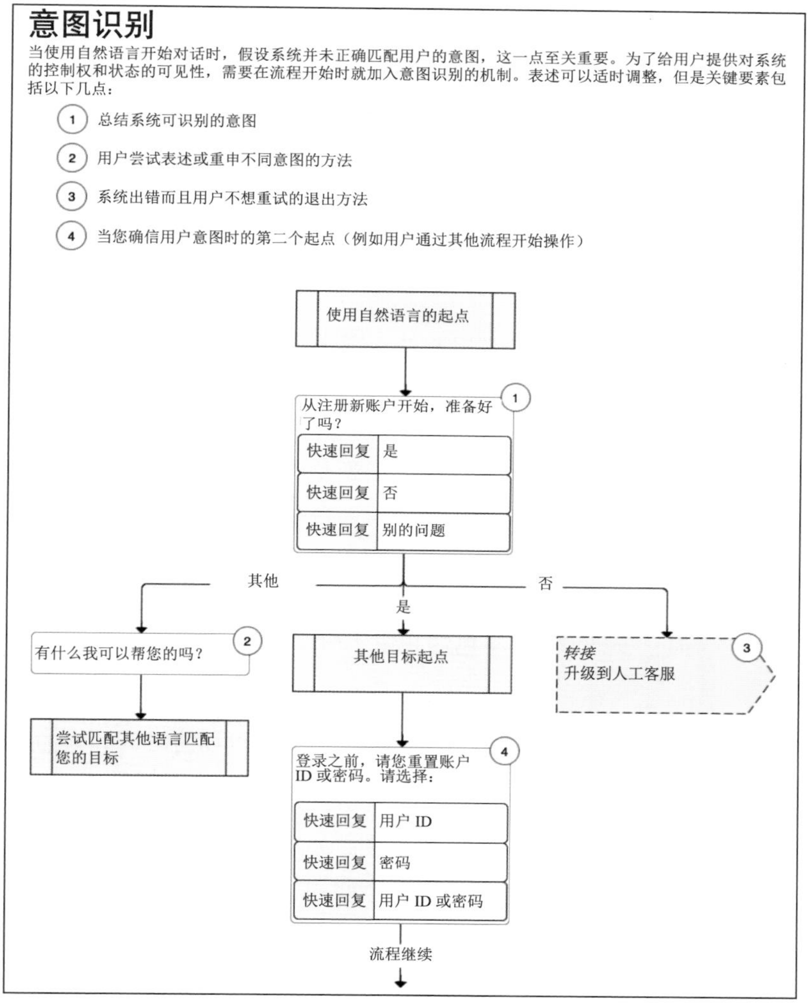

意图识别

当使用自然语言开始对话时，假设系统并未正确匹配用户的意图，这一点至关重要。为了给用户提供对系统的控制权和状态的可见性，需要在流程开始时就加入意图识别的机制。表述可以适时调整，但是关键要素包括以下几点：

① 总结系统可识别的意图

② 用户尝试表述或重申不同意图的方法

③ 系统出错而且用户不想重试的退出方法

④ 当您确信用户意图时的第二个起点（例如用户通过其他流程开始操作）

图 8.6
系统对匹配的信任度较低时用于对话界面的意图识别模式文档

最终，我们记录了整个设计问题，而不是只关注特定的语言表达，如图 8.6 所示。设计中需要的思考和研究比某个措辞或界面元素重要得多，而且，一旦我们能转移注意力并定义出正确的问题，整个模式都会变得更加有用。■

风格指南

保持一致的另一个诀窍是使用风格指南。

风格指南的重要意义，要从印刷出版界说起。它是印刷品多年来能够保持一致和稳定质量的重要方式。如果可以就特定情况下使用哪个词达成共识，我们就可以将它放入风格指南，然后把时间和精力花在更值得的事情上。

在美国，新闻业多依照美联社样本，图书出版商则多使用《芝加哥规范手册》，而某些学者不得不使用美国现代语言协会制定的论文指导格式（MLA）……这些指南之间的差异经常引发争论。这也从侧面说明人们在乎这些规范，这些规范的确有用。

如果团队目前还没有指定风格指南，建议采用其中的一种。如果是发表在数字端的作品，可以参考一下雅虎的写作规范。雅虎的规范与纸版印刷的风格不同，数字作品可以直接与界面设计师和文案工作者等交流并可以提供文本链接和错误消息等示例。

也有一些公司会凭一己之力制定风格指南，但这样做耗时耗力甚至可能没有正向回报。请谨慎决定，因为您完全可以将时间和人力花在其他更有战略意义的工作上。

重要的是选择一种风格并且坚持下去。如果有一本风格指南在手，您可以直接回答很多有关写作的常见问题，比如大小写区分、标点符号用法和字词的选择等。

但是，在写界面文案时，传统风格指南的作用相对有限。因为一旦开始文字设计，一个简单的决定背后也会涉及很多复杂的因素。接触纯文字的世界，有点像冒险，您需要研究一个个字词如何合理运用于界面的各个部分。

设计系统

团队就基本风格达成共识并明确策略且也能够识别出一些对用户有用的风格之后，就可以专注于提升一致性和工作效率，不用担心返工而导致的时间浪费。

近年来有这个趋势，产品团队将所有可能需要用到的资源集中在一起，通常也称为设计系统。在我看来，这是个非常积极的走向。

最好的设计系统专注于满足所有对设计有贡献或有访问需求的任何人的需求。它体现了您和团队的体验愿景，也包括完成工作所需要的人力资源，比如设计师、工程师、产品经理和高层管理者等。

我们这里所说的设计系统，可以由以下几个部分构成。

1. 产品或组织的战略构想。当然也包括一些具体怎么用的实用技巧。比如，设计原则以及声音和语调的准则就属于此类。

2. 文字和视觉效果的风格指南。比如颜色、字体、缩写和大写标准等内容，由可重用的资源和代码组成的设计模块。所有能加载到设计软件当中的文件库资料，都会被工程师用来作为最终产品的代码片段。

3. 设计系统非常有用，因为现代界面都是由许多较小的组件构成的。将它们放在一起重组，就能得到新的软件界面。这些系统的创建人倾向于将其视为乐高积木。有了足够多的积木，您就能构建出自己想要的任何东西。

即便专注于文字，也需要考虑如何将它们嵌入这些组成部分。千万不要以为您的工作与这些设计组件毫无关系，如视觉、交互和代码等，因为，正是文字赋予了这些组件以作用和含义。

脱离文字，就好比用普通积木搭房子，或许也能搭出来，但由于选择有限，所以房子很有可能随便一碰就倒。

文字赋予设计系统以实用性和意义。假如您所在的组织想在不考虑文字的情况下建可重用的设计模块，很有可能为了追求效率而牺牲清晰度和实用性。

最好的设计系统不仅是模块化的，还能助力团队做出一致的战略设计决策。这可能包括文档、上下文语境和版本历史记录等，而所有这些都与文字密切相关。

阿拉·霍尔玛托娃（Alla Kholmatova）在她的《设计系统》一书中谈到了功能模式的概念：功能模块决定界面的工作方式，表单信息、下拉菜单和卡片等，都属于此类。

霍尔马托娃（Kholmatova）谈到，我们应该专注于深入洞察这些功能模块背后的目的，唯有这样，才能确保不同领域的人都能用更有意义的方式做出贡献。最终营造出更流畅的用户体验。

> "目的优先，也决定了之后所有的事情，如模块的结构、内容和表现形式等。了解模块的目的及其鼓励或赋能哪些用户行为，能帮助我们设计和构建更强大的模块。了解目的，我们就能更准确地评估对这些模块做出什么程度的修改能达成我们的目标。"

霍尔马托娃（Kholmatova）帮助我们深刻认识到，系统设计不只是各模块或组件的集合。更重要的是目标及策略驱动下的购买行为。

需要遵循的模型

加拿大电子商务软件开发商 Shopify 在将文字融入设计系统方面，做得十分出色。它们的设计系统名为 Polaris。Shopify 的用户很多且角色不一，比如有借助平台进行销售的零售商，也有直接来平台购物的人，还有为致力于平台一体化的开发人员，等等。通过使用 Polaris，Shopify 将公司内部参与设计的所有人聚集起来。而且，Polaris 十分慷慨将这些资料公开到网上，让我们可以参阅学习。

内容策略师赛琳娜·辛克利（Selene Hinkley）是 Polaris 最早的贡献者之一，在将这一系统变为现实的过程中，她发挥着重要的作用。随便点开 Polaris 网站（图 8.7），我们很容易发现 Shopify 显然理解并贯彻了将文字作为设计工具的含义。

在主导航栏，您会看到以下四个分类：

- 内容

- 设计

- 组件

- 模块和规范

将内容置于更靠前的中心位置，是团体有意为之。因为 Shopify 团队希望建立包括文字在内的设计思维。"我认为，信息架构是塑造人类行为的强大工具，"辛克利（Hinkley）说，"我们梳理信息的方式会影响到组织的运作方式。"

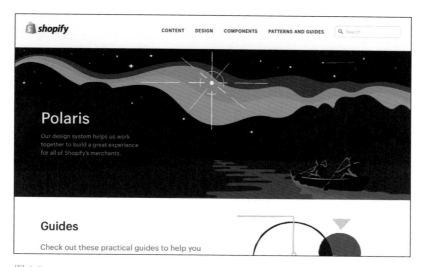

图 8.7
Shopify 的 Polaris 设计系统

通过可用性测试，Shopify 团队可以确保其设计系统适用于写作者、设计师和开发等人员。当然，这其中也有一些小插曲，比如早期，他们将设计和内容信息放在模块页面的第一位，但这对想要寻找代码的开发人员十分不友好。

作为回应，她 / 他们在颠覆了信息层次结构的同时，也遵守了跨学科指导原则。"在第 2 版中，模块页面图片在顶端展示，代码也是，而内容和用户体验设计的部分在底部。"辛克利（Hinkley）解释道。

事实证明，这个设计更符合用户的需求。"这个设计更符合人们的思维方式。当您需要快速了解「什么时候发货」这种问题时，页面首屏信息就能解决问题。但如果您有更多的时间，就可以自由向下滚动鼠标阅读更多信息。"

构建一个这样的设计系统，团队可能也考虑过设计与架构的问题。但 Shopify 团队更清楚地知道，一个有生命力的系统，必然是要为用户服务的。

除了代码和模块之外，Shopify 的设计系统也有战略方向这方面的主题。比如提供产品命名及功能特性的准则。基于系统，能帮助团队想出更合适的品牌名称并用市场研究及营销洞察来证明它与 Shopify 丰富的产品线是一致的。

Polaris 是一个很好的例子，令人印象深刻。但辛克利（Hinkley）提到一个很重要的点，要想获得支持，一定要专注于价值。"如果这是个好主意，在项目初期，不要总想着去说服别人，因为这会让您消耗很多精力，而且通常并不能支持您走得很远。"

辛克利（Hinkley）鼓励团队专注于能提供最大价值的部分："找到最大的问题与矛盾，然后优先处理它们。"

专注于最重要的事情，才能构建出团队真正需要的能力。而这些，又能反过来为用户提供有用且一致的体验。

从小事开始

像 Shopify 一样，很多大公司也有大型而专业的"设计系统"网站。但如果需要做的只是为公司建一个这样的系统，也许并不需要认为需要很大的工作量。或者，团队甚至不需要网站这样的形式，一个共享协作文档就能搞定。重要的是，团队目前有什么以及如何随着时间推移而成为可复用的经验与参考。

尝试构建系统的时候，可能遇到下面两个最大的困扰。

1. 似乎所有东西都值得记下来，真是让人头大。

2. 好像其他人都不像您一样在意工作的意义。

有时候，能解决每个问题并考虑到每个使用场景，听起来是极具诱惑力的万全之策。但您需要抵制这种诱惑。

花时间倾听人们的痛点，然后总结，看看是不是有个问题总是屡屡出现而且是很多人都经历过的？您和团队成员花最多时间讨论了哪些问题？这些才应该是改变的起点。

如果系统要活下来并供人们多次使用，说明这个系统至少能为用户解决问题。每个使用该系统的人，都要能发现它的价值，不然，系统很难留住用户。

艾米·奇克（Amy Chick）在早期工作中就意识到了这一点。她现在是一家大型电信公司设计系统的内容策略师和设计师。在此之前，她在很多行业有过相关的工作经验。

"设计系统也是一种产品，"她说，"它的特殊之处在于，它是在特定情况下面向特定用户的工具。就像记录业务流程的人不会做出产品一样，只是记录模块也无法创造出一个设计系统。需要从使用的人那里获得输入。"

奇克（Chick）的首要任务是，为这一系统的主要用户建立一种通用的语言，这里的用户包括设计师、文案写作者、工程师和产品负责人等。

她召集每个小组的成员一起做了个工作坊。首先，他们将一组交互模块贴在墙上，比如提示性文字、对话框和其他常见的交互界面等，然后逐一进行讨论。比如怎么使用每个模块、哪些模块之间会互相影响以及每个人最看重哪个模块等。然后，基于这些讨论，他们创建了一套语言体系，随后将其作为之后的命名基础。并且，他们还将模块进行了分组，以便于在探索阶段就解决掉那些特别针对某一平台的变化。

"工作坊结束后，我们重新设计了命名和分组习惯，想让所有使用系统的人都能看得懂，"她说，"这样一来，我们可以就产品开发的细节进入协作，而不是围成一圈讨论。"

团队很快就体会到了这么做的好处。清晰度明显提高，而且，还可以帮助工程师和设计师估计复杂性与影响的程度并按照优先级进行排序，此外还增加了其他人对一些特定复杂模块的理解。举个例子，内容策略师可以更好地传达模块需要的各种语言以及如何让它们更适用于整体产品内容策略。同时，它还让人们进一步认识到设计系统中内容的重要性。

首要任务是聚焦于达成共识。正因为此，奇克（Chick）才能够迅速采取行动并让很多关键人物参与进来。她说："从小处着手，这样不会显得太激进，也不太容易造成恐慌。"

找到适合自己的

用户体验的文字内容设计要依靠团队协作，需要我们在工作中待人友善。但与此同时，对自己好一些更重要。

作为文案写作者，您的技能水平不应该由别人来定义。因为总有一些人因为不够了解您的工作或其他原因而对您有负面评价。

但是，他们的意见并不能改变这样的事实：没有文字，就没有用户体验。文字是用户理解界面的核心媒介。您的工作会影响到产品的可用性和实用性。

您要相信自己的技能水平和个人工作的价值。在现实生活中，每天都有真实的人通过文字来浏览导航栏和使用各类软件。通过设计自己的角色和自己的工作内容，您可以为更多人营造更好的体验。

结语

贯穿全书，我们一直在强调"需要找到适合自己的"。有一个很重要的原因是，在团队会议、公司管理层会议或技术大会上，需要有人来跟大家分享"文字即设计"，而作为文案写作者的您，无疑是最佳人选。

我们希望，您不要将这本书当成一本严肃无趣的规则指导。相反，我们更推荐您把这本书当作是一个获得新想法的创意小册子。最重要的一点是，应该始终专注于为使用产品的人提供服务。

如您所见，本书中的概念并不只是我们的一家之言，还有来自不同背景和不同职务的不同声音。您和他们一样，您也会有自己的故事。

着眼于用户（即体验您的创意成果的人），是用户体验写作方式与众不同的最大原因。您的文字创造了这种体验。与团队一起，让用户与产品的交互变得更流畅还是更艰难？更清楚还是更迷惑？更有用还是更复杂？

这都取决于您。

本书是为您写的，书中提供的工具和方法可以帮助您把用户放在第一位。接下来，该您上场了。

您可以的！

致谢

迈克尔（Michael）致谢感言

我的妻子兼好朋友卡琳娜（Karina），她慷慨地奉献出个人时间，在我写书的过程中毫不吝啬地鼓励我。如果没有她的爱与牺牲，就不会有这本书。

我的孩子艾莲娜（Elena）和埃利亚斯（Elias），得知能够读到我写的书，他俩非常兴奋，尽管我认为这种兴奋无法与读《哈利波特》和《内裤超人》时的兴奋相提并论。

小沃利斯·C.梅茨博士（Dr. Wallis C. Metts Jr.），我的父亲，我最敬佩的作家。凯蒂（Katie），我的母亲，一直鼓励我不要放弃追逐创意，不要放弃信仰。克里斯蒂安（Christian），我的兄弟，第一个让我意识到自己可以以文字为业、以做网站为业的人。

斯科特·库比（Scott Kubie），我的"老铁"，有思想深度，激发了我许多灵感。

苏珊·托姆（Susan Thome），我的老板，教会我如何领导和如何协作。

在我实践写作设计时帮助过我的同事和前同事：克莱尔·拉斯穆森（Claire Rasmussen）、希瑟·福特·赫尔格森（Heather Ford-Helgeson）、布赖恩·摩尔（Brienne Moore）、约翰尼·塔波阿达（Johnny Taboada）、安德鲁·普利（Andrew Pulley）、杰西卡·张（Jessica Zhang）、安德里亚·阿尼巴尔（Andrea Anibal）、朱莉·英尼斯（Julie Innes）、彼得·沙克尔福德（Peter Shackelford）和杰夫·芬利（Jeff Finley）。

安迪·韦弗勒（Andy Welfle），相当优秀的合著者与搭档，帮助我深化自己的观点，教会我如何欣赏一支好铅笔。没有他，就没有这本书。

安迪（Andy）致谢感言

凯蒂·普鲁特（Katie Pruitt），永远支持我的灵魂伴侣，能够容忍那么几个月来只顾着完成本书手稿而且还是重症拖延的我。塞巴斯蒂安（Sebastian）和鲁珀特（Rupert），我的两只猫"孩子"，在我沮丧和思路受阻而急需分散注意力的时候让我的心灵得到治愈。

丽莎（Lisa）和里克·韦弗勒（Rick Welfle），我的父母以及凯莉·韦德（Kelly Wade）、罗西·弗雷耶（Rosie Frayer）、妮娜·韦弗勒（Nina Welfle）、莫莉·韦夫勒（Molly Welfle），我的姐妹们，感谢您们的爱与鼓励。

约翰尼·甘伯博士（Dr. Johnny Gamber）、蒂姆·瓦塞姆（Tim Wasem）、威尔·范吉（Will Fanguy）和哈里·马克斯（Harry Marks），我的创意合伙人，允许我连珠炮般地提供调研问题。

肖恩·克里斯（Shawn Cheris），我的老板，让我有机会实践和自我成长。我在 Adobe 的同事：玛丽莎·威廉姆斯（Marisa Williams）、莎拉·斯玛特（Sarah Smart）、卡丽莎·乌瑞（Karissa Urry）、布朗登·巴索里尼（Brandon Bussolini）、杰西·萨特尔（Jess Sattell）、贝丝·安妮·金奈德（Beth Anne Kinnaird）、戴佛·罗萨莱斯（Davers Rosales）和泰莎·格雷戈里（Tessa Gregory），为卓越的 UX 写作正名到底，且每天都在用他们出色的工作激发着我的灵感。

我的前 UX 与内容策略经理、导师和同事：内特·雷瑟（Nate Reusser）、雷切尔·加农（Rachel Gagnon）、艾琳·史密（Erin Scime）、托尼·海德里克（Tony Headrick）、乔纳森·科尔曼（Jonathon Colman）、凯西·马托西奇（Kathy Matosich）、艾米莉·希尔兹（Emily Shields）以及许多许多没有列出来的人，感谢您们多年以来的耐心指导。要不是您们，我认为自己不能做到这一切。

迈克尔·梅茨（Michael Metts），很有合作精神的搭档，在这次写书旅程中不断给我启发。没有您，就不可能（字面意思上）有这本书。

作者联合致谢感言

克里斯蒂娜·霍尔沃森（Kristina Halvorson），把我们介绍给出版人路·罗森菲尔德（Lou Rosenfeld）。路（Lou）和玛尔塔（Marta）创造了这次机会，帮助我们澄清了表达和扩大了愿景。

德文·佩尔辛（Devon Persing）、约翰·考德威尔（John Caldwell）、莎拉·斯玛特（Sarah Smart）、迈克尔·哈格蒂 - 维拉（Michael Haggerty-Villa），感谢您们付出自己的时间和分享自己的专业知识。尽管本书没能收录您们的访谈，但您们提供的观点非常宝贵。

约翰·齐藤（John Saito）、马特·梅（Matt May）、艾达·鲍尔斯（Ada Powers）、安娜·皮卡德（Anna Pickard）、艾丽西亚·多尔蒂·沃尔德（Alicia Dougherty-Wold）、杰思敏·普罗布斯特（Jasmine Probst）、劳伦·卢克塞（Lauren Lucchese）、凯蒂·洛尔（Katie Lower）、迈克尔·哈克纳（Michaela Hackner）、梅兰妮·波尔科斯基（Melanie Polkosky）、希拉里·阿卡里齐（Hillary Accarizzi）、娜塔莉·伊（Natalie Yee）和豪尔赫·阿兰戈（Jorge Arango），感谢您们的时间、洞见和慷慨，让这本书不只是有我们两人的声音。

在我们调研这本书的过程中，那些非常乐于助人且愿意分享自己的观点和职业故事的人有：马修·瓜伊（Matthew Guay）、林赛·菲利普斯（Lindsey Phillips）、凯瑟琳·奇莫伊·维加（Katherine Chimoy Vega）、妮基·托雷斯（Niki Tores）和格雷塔·范德·梅尔韦（Greta Van der Merwe）。

安德烈·德拉吉（Andrea Drugay）、切尔西·拉尔森（Chelsea Larsson）、凯瑟琳·史特劳斯（Kathryn Strauss）、乔纳森··科尔曼（Jonathon Colman）、雷切尔·麦康奈尔（Rachel McConnell）、瑞安·法瑞尔（Ryan Farrell）、斯科特·库比（Scott Kubie）、苏珊·托姆（Susan Thome）和苏菲·塔兰（Sophie Tahran），我们的技术

评审给予我们宝贵的洞见和明确的反馈。您们的点评让这本书变得更好。

克里斯蒂娜·霍尔沃森（Kristina Halvorson）、梅根·凯西（Meghan Casey）、乔纳森·科尔曼（Jonathon Colman）、莎拉·沃克特-波切尔（Sara Wachter-Boettcher）、埃里卡·霍尔（Erika Hall）、妮可·芬顿（Nicole Fenton）、凯特·基弗里（Kate Kiefer-Lee）、艾琳·史密（Erin Scime）、莎拉·理查兹（Sarah Richards）、艾琳·基桑（Erin Kissane）、凯伦·麦克莱恩（Karen McGrane）、史蒂夫·波蒂加尔（Steve Portigal）、贾瑞德·斯普尔（Jared Spool）和蒂法妮·琼斯·布朗（Tiffani Jones Brown）等内容策略与 UX 的业界翘楚，是您们杰出的贡献，让我们能够站在巨人的肩膀上，在这个领域中找到属于自己的路。

致读者

非常感谢您购买这本书。这本书以及 Rosenfeld Media 出品的每个产品背后都有一个故事。

自 20 世纪 90 年代早期起，我担任过用户体验顾问、大会发言者、工作坊导师、作者等（我最有代表性的身份大概是作为《信息架构：超越 Web 设计》的合著者）。担任这些角色让我觉得沮丧的是，我没有机会应用和实践我所分享的 UX 原则。

2005 年，我创立了 Rosenfeld Media，因为我想用设计和出版书籍的方式来证明一个出版人能够践行其言，而不只是简单地说教。自那以后，我们的业务从出版扩张到举办业界领先的大会和工作坊。总的来说，UX 能帮助我们打造更好、更成功的产品，正如您所期望的那样。从利用用户调研启发书籍和大会项目的设计，到与大会发言者紧密合作，再到深切关注顾客服务，我们每天都在以行践言。

请访问 rosenfeldmedia.com 了解我们的大会与工作坊日程、免费社群及其他为您推荐的资源。欢迎发送任何想法、建议或问题到我的邮箱：louis@rosenfeldmedia.com

我非常期待您的回音，也希望您喜欢这本书！

出版人：路·罗森菲尔德（Lou Rosenfeld）

关于著译者

迈克尔·J. 梅茨（Michael J. Metts）把用户放在首位，帮助团队打造卓越的产品和服务。有着新闻学背景的他，经常发现自己在谈论文字对设计有用和可用的体验所起到的作用。他多次在世界各地的行业大会发表演讲和担任工作坊导师。他与妻子和两个孩子以及一只非常小的狗生活在芝加哥市郊。

安迪·韦弗勒（Andy Welfle）8 岁时，就想成为一名诗人兼古生物学家。虽然 28 年后，他并没有实现这个理想，但他把成为这两者所需要的技能应用到了日常工作当中，作为 Adobe 产品设计团队的内容策略师，他不仅需要在巨大的限制下写作，还需要从庞大的旧版本软件界面中"考古"。业余时间，他会制作播客和爱好者杂志（Zine），谈论他非常喜欢的主题"木制铅笔"。他和妻子及两只大猫生活在旧金山。

黄群祥，正在学平面设计的 UX 设计师，试图为实用性设计注入情感表现力。偶尔写写代码，画些插画。不满足于表象，经常为发现不同事物之间的关联性而狂喜不已。

周改丽，集译者、文案、记者、策划和博主等角色于一身的文字工作者，始终相信文字有触动人心的力量。始终相信，在注意力稀缺的年代，每一次互动都值得被精心设计，包括文字互动。

优秀设计师典藏·UCD 经典译丛

正在爆发的互联网革命，使得网络和计算机已经渗透到我们日常的生活和学习，或者说已经隐形到我们的周边，成为我们的默认工作和学习环境，使得全世界前所未有地整合，但同时又前所未有地个性化。以前普适性的设计方针和指南，现在很难讨好用户。

有人说，眼球经济之后，我们进入体验经济时代。作为企业，必须面对庞大而细分的用户需求，敏捷地进行用户研究，倡导并践行个性化的用户体验。我们高度赞同 Mike 在《用户体验研究》中的这段话：

> "随着信息革命渗透到全世界的社会，工业革命的习惯已经融化而消失了。世界不再需要批量生产、批量营销、批量分销的产品和想法，没有道理再考虑批量市场，不再需要根据对一些人的了解为所有人创建解决方案。随着经济环境变得更艰难，竞争更激烈，每个地方的公司都会意识到好的商业并非止于而是始于产品或者服务的最终用户。"

这是一个个性化的时代，也是一个体验经济的时代，当技术创新的脚步放慢，是时候增强用户体验，优化用户体验，使其成为提升生活质量、工作效率和学习效率的得力助手。为此，我们特别甄选了用户体验 / 用户研究方面的优秀图书，希望能从理论和实践方面辅助我们的设计师更上一层楼，因为，从优秀到卓越，有时只有一步之遥。这套丛书采用开放形式，主要基于常规读本和轻阅读读本，前者重在提纲挈领，帮助设计师随时回归设计之道，后者注重实践，帮助设计师通过丰富的实例进行思考和总结，不断提升和形成自己的品味，形成自己的风格。

我们希望能和所有有志于创新产品或服务的所有人分享以用户为中心 (UCD) 的理念，如果您有任何想法和意见，欢迎发送电子邮件到 coo@netease.com。

洞察用户体验（第 2 版）

作者： Mike Kuniavsky

译者： 刘吉昆等

这是一本专注于用户研究和用户体验的经典，同时也是一本容易上手的实战手册，它从实践者的角度着重讨论和阐述用户研究的重要性、主要的用户研究方法和工具，同时借助于鲜活的实例介绍相关应用，深度剖析了何为优秀的用户体验设计，用户体验包括哪些研究方法和工具，如何得出和分析用户体验调查结果等。

本书适合任何一个希望有所建树的设计师、产品 / 服务策划和高等院校设计类学生阅读和参考，更是产品经理的必备参考。

重塑用户体验：卓越设计实践指南

作者： Chauncey Wilson

译者： 刘吉昆　刘青

本书凝聚用户体验和用户研究领域资深专家的精华理论，在 Autodesk 用户研究高级经理 Chauncey Wilson(同时兼任 Bentley 学院 HFID 研究生课程教师) 的精心安排和梳理之下，以典型项目框架的方式得以全新演绎，透过"编者新语"和"编者提示"等点睛之笔，这些经典理论、方法和工具得以精炼和升华。

本书是优秀设计师回归设计之道的理想参考，诠释了优秀的用户界面设计不只是美学问题，或者使用最新技术的问题，而是以用户为中心的体验问题。

Web 表单设计：点石成金的艺术

作者：Luke Wroblewski

译者：卢颐　高韵蓓

精心设计的表单，能让用户感到心情舒畅，无障碍地地注册、付款和进行内容创建和管理，这是促成网上商业成功的秘密武器。本书通过独到、深邃的见解，丰富、真实的实例，道出了表单设计的真谛。新手设计师通过阅读本书，可广泛接触到优秀表单设计的所有构成要素。经验丰富的资深设计师，可深入了解以前没有留意的问题及解决方案，认识到各种表单在各种情况下的优势和不足。

卡片分类：可用类别设计

作者：Donna Spencer

译者：周靖

卡片分类作为用户体验/交互设计领域的有效方法，有助于设计人员理解用户是如何看待信息内容和类别的。具备这些知识之后，设计人员能够创建出更清楚的类别，采用更清楚的结构组织信息，以进一步帮助用户更好地定位信息，理解信息。在本书中，作者描述了如何规划和进行卡片分类，如何分析结果，并将所得到的结果传递给项目团队。

本书是卡片分类方法的综合性参考资源，可指导读者如何分析分类结果（真正的精髓）。本书包含丰富的实践提示和案例分析，引人入胜。书中介绍的分类方法对我们的学习、生活和工作也有很大帮助。

贴心的设计：心智模型与产品设计策略

作者： Indi Young

译者： 段恺

怎样打动用户，怎样设计出迎合和帮助用户改善生活质量和提高工作效率，这一切离不开心智模型。本书结合理论和实例，介绍了在用户体验设计中如何结合心智模型为用户创造最好的体验，是设计师提升专业技能的重要著作。

专业评价：在 UX(UE) 圈所列的"用户体验领域十大经典"中，本书排名第 9。

读者评价："UX 专家必读好书。""伟大的用户体验研究方法，伟大的书。""是不可缺少的，非常好的资源。""对于任何信息架构设计者来说，本书非常好，实践性很强。"

设计反思：可持续设计策略与实践

作者： Nathan Shedroff

译者： 刘新　覃京燕

本书从系统观的角度深入探讨可持续问题、框架和策略。全书共 5 部分 19 章，分别从降低、重复使用、循环利用、恢复和过程五大方面介绍可持续设计策略与实践。书中不乏令人醍醐灌顶的真知灼见和值得借鉴的真实案例，有助于读者快速了解可持续设计领域的最新方法和实践，从而赢得创新产品和服务设计的先机。

本书适合所有有志于改变世界的人阅读，设计师、工程师、决策者、管理者、学生和任何人，都可以从本书中获得灵感，创造出可持续性更强的产品和服务。

原型设计：实践者指南

作者： Todd Zaki Warfel

译者： 汤海　李鸿

推荐序作者：《游戏风暴》作者之一 Dave Gray

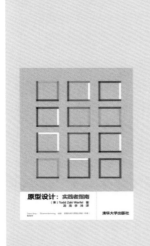

原型设计不仅可以增强设计想法的沟通，还有助于设计师产生灵感、测试假设条件和收集用户的真实反馈意见。本书凝聚作者多年来所积累的丰富的互联网实战经验，从原型的价值、流程谈起，提到原型设计的五大类型和八大原则，接着详细介绍如何选择合适的原型工具和深度探讨各种工具的利弊，最后以原型测试收尾。此外，书中还穿插大量行之有效的技巧与提示。

通过本书的阅读，读者可轻松而高效地进行 RIA、手持设备和移动设备的原型设计。本书适合原型爱好者和实践者阅读和参考。

远程用户研究：实践者指南

作者： Nate Bolt，Tony Tulathimutte

译者： 刘吉昆　白俊红

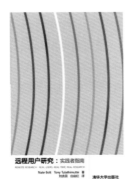

本书通过实例介绍了如何借助于手机和笔记本电脑来设计和执行远程用户研究。书中主题包括如何招募、管理和执行远程用户研究；分析远程用户研究之于实验室研究的优势；理解各种远程用户研究的优势与不足；理解网络用户研究的重要原则；学会如何通过实用技术和工具来设计远程用户研究。

本书实用性强，尤其适合交互设计师和用户研究人员参考与使用，也适合所有产品和服务策划人员阅读。

好玩的设计：游戏化思维与用户体验设计

作者：John Ferrara

译者：汤海

推荐序作者：《游戏风暴》作者之一 Sunny Brown

本书作者结合自己游戏爱好者的背景，将游戏设计融入用户体验设计中，提出了在 UI 设计中引入游戏思维的新概念，并通过实例介绍了具体应用，本书实用性强，具有较高的参考价值，在描述游戏体验的同时，展示了如何调整这些游戏体验来影响用户的行为，如何将抽象的概念形象化，如何探索成功交互的新形式。

通过本书的阅读，读者可找到新的策略来解决实际的设计问题，可以了解软件行业中如何设计出有创造性的 UI，可在游戏为王的现实世界中拥有更多竞争优势。

SSA：用户搜索心理与行为分析

作者：Louis Rosenfeld

译者：汤海　蔡复青

本书言简意赅，实用性强，全面概述搜索分析技术，详细介绍如何生成和理解搜索发分析报告，并针对网站现状给出实际可行的建议，从而帮助组织根据搜索数据分析来改进网站。

通过这些实际案例和奇闻轶事，作者将通过丰富而鲜活的例子来说明搜索分析如何帮助不同组织机构理解客户，改进服务质量。

用户体验设计：讲故事的艺术

作者：Whitney Quesenbery，Kevin Brooks

译者：周隽

好的故事，有助于揭示用户背景，交流用户研究结果，有助于对数据分析，有助于交流设计想法，有助于促进团队协作和创新，有助于促进共享知识的成长。我们如何提升讲故事的技巧，如何将讲故事这种古老的方式应用于当下的产品和服务设计中。本书针对用户体验设计整个阶段，介绍了何时、如何使用故事来改进产品和服务。不管是用户研究人员，设计师，还是分析师和管理人员，都可以从本书中找到新鲜的想法和技术，然后将其付诸于实践。

通过独特的视角来诠释"讲故事"这一古老的叙事方式对提升产品和服务体验的重要作用。

移动互联：用户体验设计指南

作者：Rachel Hinman

译者：熊子川　李满海

种种数据和报告表明，移动互联未来的战场就在于用户体验。移动用户体验是一个新的、激动人心的领域，是一个没有键盘和鼠标但充满硝烟的战场，但又处处是商机，只要你的应用够新，你的界面够酷，你设计的用户体验贴近人心，就能得到用户的青睐。正所谓得用户者，得天下。本书的目的是帮助读者探索这一新兴的瞬息万变的移动互联时代，让你领先掌握一些独家秘籍，占尽先机。本书主题：移动用户体验必修课，帮助读者开始充满信息地设计移动体验；对高级的移动设计主题进行深入的描述，帮助用户体验专业人员成为未来十多年的行业先驱；移动行业领军人物专访；介绍 UX 人员必备的工具和框架。

作者 Rachel Hibman 是一位对移动用户研究和体验设计具有远见的思想领袖。她结合自己数十年的从业经验，结合自己的研究成果，对移动用户体验设计进行了全面的综述，介绍了新的设计范式，有用的工具和方法，并提出实践性强的建议和提示。书中对业内顶尖的设计人员的专访，也是一个很大的亮点。

服务设计与创新实践

作者： Andy Polaine，Ben Reason，Lavrans Lovlie

译者： 王国胜　张盈盈　赵芳　付美平

推荐序作者： John Thackara

产品经济的时代渐行渐远，在以服务为主导的新经济时代，在强调体验和价值的互联网时代，如何才能做到提前想用户之所想？如何比用户想得更周到？如何设计可用、好用和体贴的服务？这些都可以从本书中找到答案。本书撷取以保险业为代表的金融服务、医疗服务、租车及其他种种服务案例，从概念到实践，有理有据地阐述了如何对服务进行重新设计？如何将用户体验和价值提前与产品设计融合在一起？

本书重点聚焦用户价值与体验，用互联网思维进行服务创新，实践案例涉及传统制造业、金融行业和公共服务等适合产品设计师、交互设计师、用户体验设计师、设计管理者、项目管理、企业战略咨询专家和消费行为研究者阅读和参考。

同理心：沟通、协作与创造力的奥秘

作者： Indi Young

译者： 陈鹄 潘玉琪 杨志昂

推荐序作者： 《游戏风暴》作者之一 Dave Gray

本书主要侧重于认知同理心，将帮助读者掌握如何收集、比较和协同不同的思维模式并在此基础上成功做出更好的决策，改进现有的策略，实现高效沟通与协作，进而实现卓越的创新和持续的发展。本书内容精彩，见解深刻，展示了如何培养和应用同理心。

本书适合所有人阅读，尤其适合企业家、领导者、设计师和产品经理。

触动人心的体验设计：文字的艺术

作者： Michael J. Metts，Andy Welfle

译者： 黄群祥　周改丽

推荐序作者： Sara Wachter-Boettcher，
奚涵菁 (Betty Xi)

在体验经济时代，越来越多的公司都意识到这一点：用户期望能与桌面和网络应用轻松、流畅的交互，从而获得愉悦的使用体验。在产品和服务中，视觉设计的确能让人眼前一亮。然而，只有触动人心的文字表达，才能够真正俘获人心。如何才能通过恰到好处的文字表达来营造良好的用户体验呢？本书给出了一个很好的答案。

两位作者结合多年来通过文字推敲来参与产品和服务设计的经验，展示了文字在用户体验中的重要性，提出了设计原则，对新入门用户体验文字设计的读者具有良好的启发性和参考价值。